ZEITSCHRIFT FÜR ANGEWANDTE GEOLOGIE

10

BAND 36
OKTOBER 1990

ISSN 0044-2259
Z. angew. Geol., Berlin
36 (1990) 10, 361–396

Herausgeber:
Gesellschaft für Umwelt- und Wirtschaftsgeologie mbH Berlin

AKADEMIE-VERLAG BERLIN

Zeitschrift für angewandte Geologie

BAND 36 | **1990** | **HEFT 10**

	INHALT	СОДЕРЖАНИЕ	CONTENTS

Zeitschrift für angewandte Geologie is indexed in Current Contents / PC & ES.

Titelbild:

Fiederspalten im Jura (Oxford) bei Teterev/Bulgarien

Aufnahme: G. MÖBUS, Greifswald

Bezugsmöglichkeiten der „Zeitschrift für angewandte Geologie"

Bestellungen sind zu richten

- **in der DDR** an den Postzeitungsvertrieb unter Angabe der Kundennummer des Bestellenden oder an den Akademie-Verlag Berlin, Leipziger Str 3–4, DDR-1086 Berlin;
- **in der BRD und Berlin (West)** an eine Buchhandlung oder die Auslieferungsstelle KUNST UND WISSEN, Erich Bieber GmbH, ein Unternehmen der Faxon-Gruppe, Postfach 102844, D-7000 Stuttgart 10,
- **in den übrigen Ländern** an den internationalen Buch- und Zeitschriftenhandel bzw. an die Auslieferungsstelle KUNST UND WISSEN, Erich Bieber GmbH, ein Unternehmen der Faxon-Gruppe, Stampfenbachstr. 73, Postfach, CH-8035 Zürich, oder an den zuständigen Postzeitungsvertrieb des Landes bzw an den Akademie-Verlag Berlin, Leipziger Str. 3–4, DDR-1086 Berlin.

Zeitschrift für angewandte Geologie
Herausgeber: Gesellschaft für Umwelt- und Wirtschaftsgeologie mbH Berlin i. G.
Chefredakteur: Doz. Dr sc. Bernd Kölbel; Fernruf 2363997;
Verantw Redakteurin: Dipl.-Geoln. Andrea Sobe;
Redakteure Dipl.-Geol. Berthold Dorn, Dipl.-Min. Anne Krüger.
Anschrift der Redaktion: Kastanienallee 69, DDR-1054 Berlin, Fernruf 2806334.
Verlag. Akademie-Verlag Berlin, Leipziger Str 3–4, DDR-1086 Berlin, Stellv. Cheflektor Zeitschriften Armin Beck, Fernruf 2236201 oder 2236229, Telex-Nr 114420, Bank: Staatsbank der DDR, Berlin, Kto.-Nr 6836-26-20712.
Veröffentlicht unter der Registriernummer 1279.
Gesamtherstellung: Maxim Gorki-Druck GmbH, DDR-7400 Altenburg.
Erscheinungsweise. Die Zeitschrift erscheint jährlich in einem Band zu 12 Heften.
Bestellnummer dieses Heftes: 1047/36/10.

AN (EDV) 46337
00650

Tafel 1

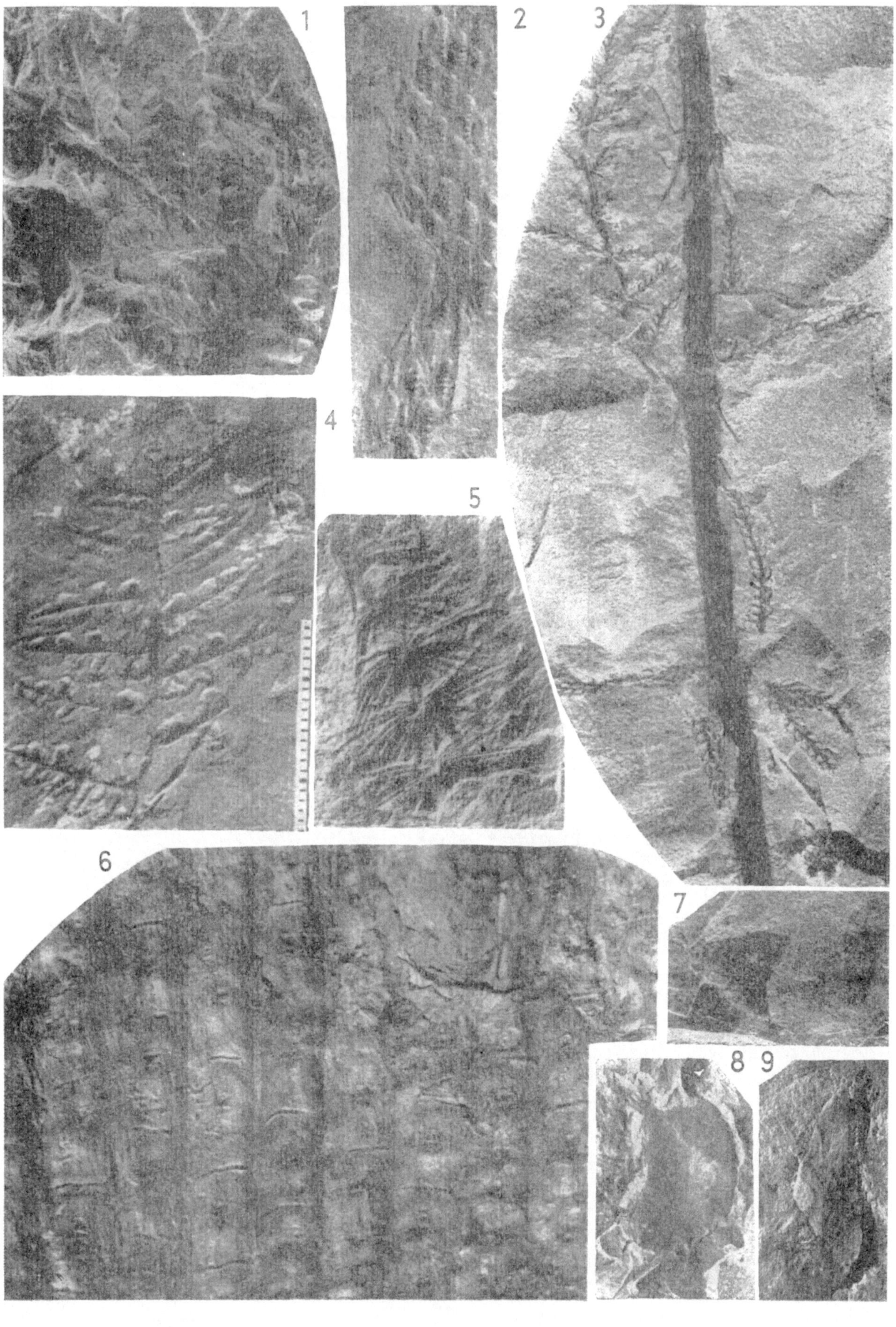

Tafel 2

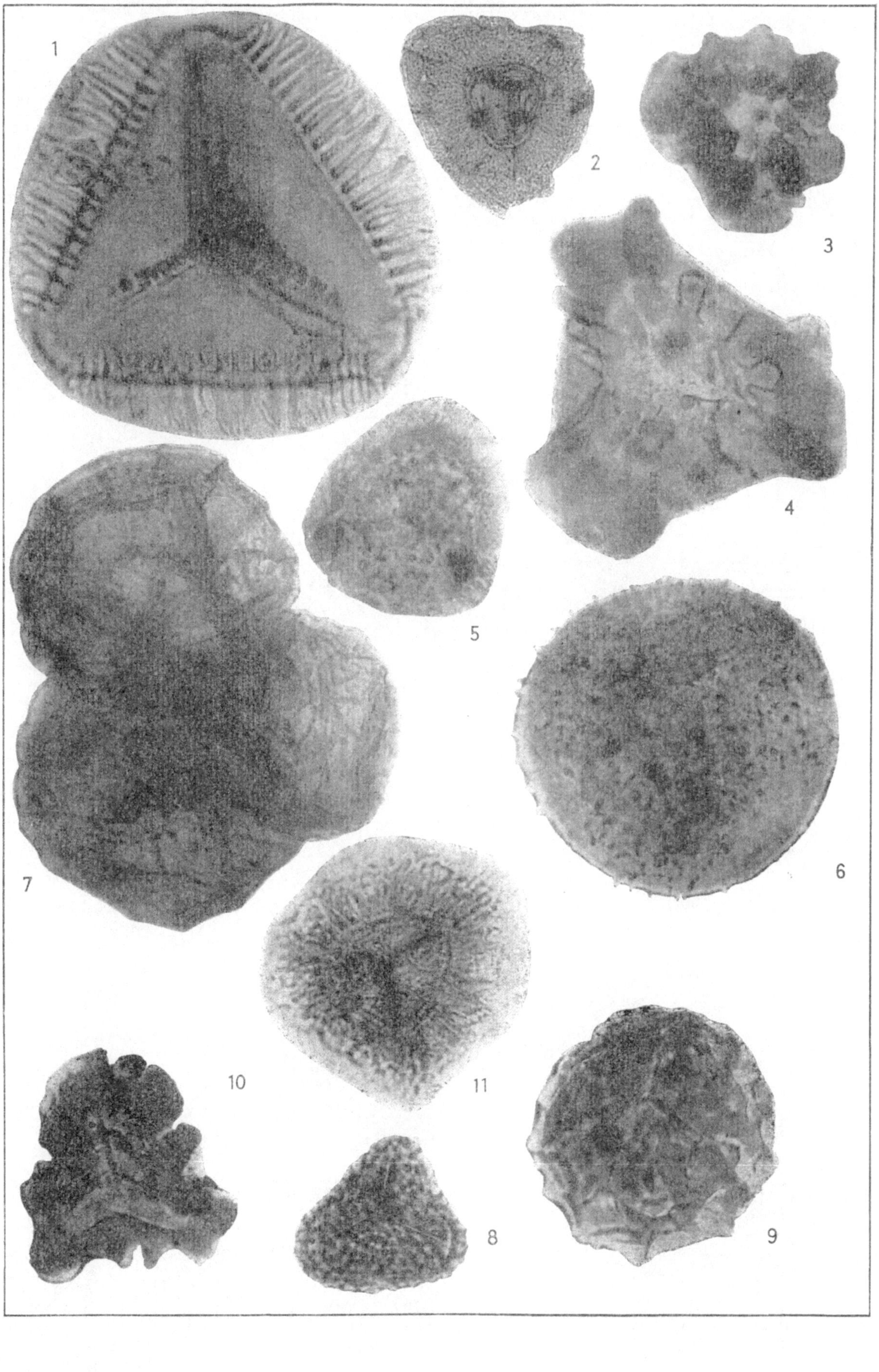

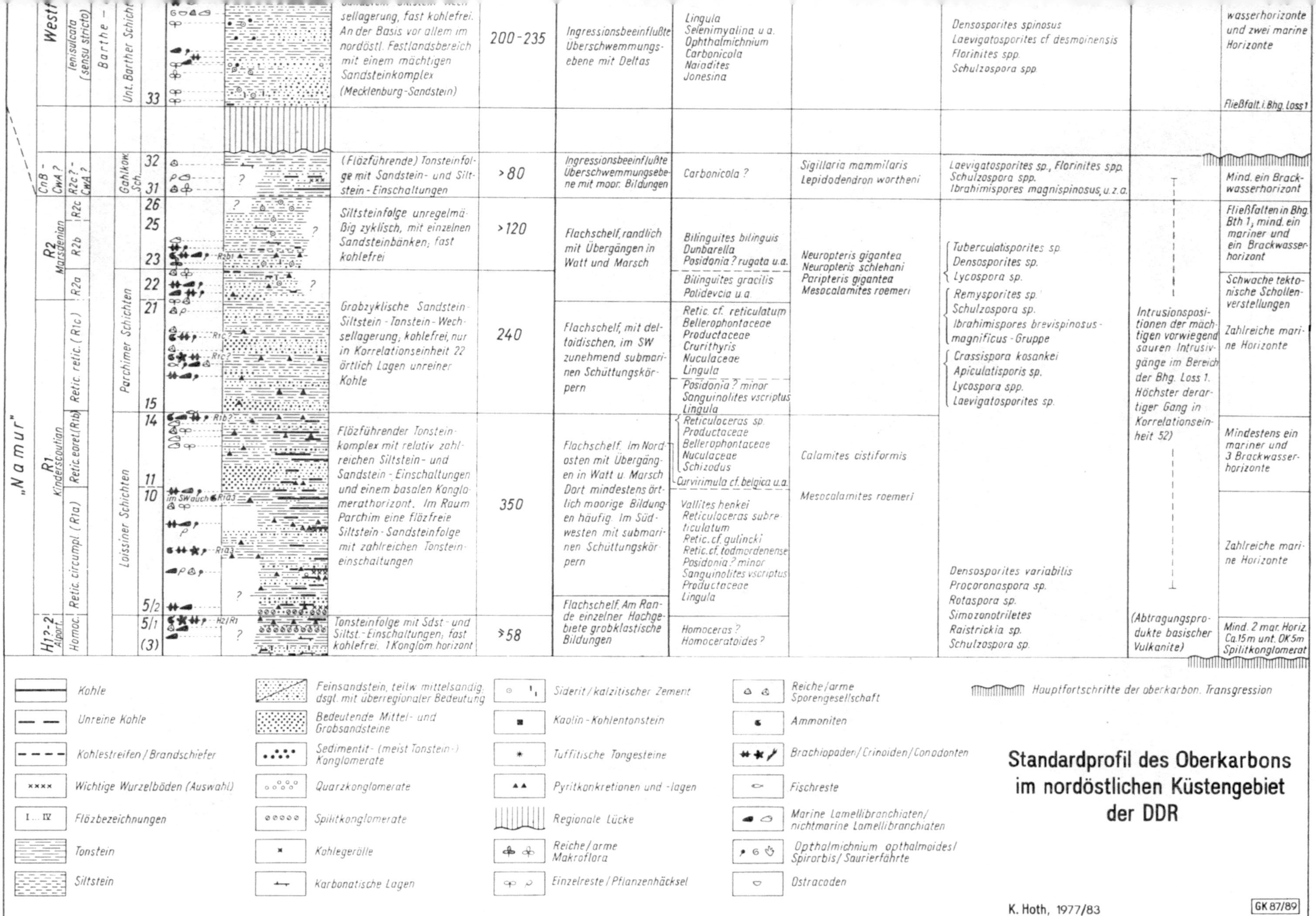

Einschlagtafel

zum Beitrag: HOTH, K.; WEYER, D., u. a.: Das Standardprofil des Oberkarbons von Vorpommern

Abbildung 3.

Stufe	Teilstufe	Faunenzonen	Folgen	Schichten	Korrel. einheiten	Lithologische Ausbildung: Verbale Kurzcharakteristik	Mächtigkeit in m	Fazielle Charakteristik des Sedimentationsgebietes	Charakteristische Fauna (Determination: D. WEYER)	Charakteristische Makroflora (Determination: E. KAHLERT)	Charakteristische Mikroflora (Determination: H. DÖRING)	Magmatismus	Paläogeogr.-tektonische Bemerkg.
Stefan (-P1)			Südrügen - Folge	Mönchguter Schichten	79–92	Konglomeratführende sandsteinreiche Sandstein-Tonstein-Wechsellagerung. Insbesondere Sandsteine z.T. kalzitisch	250-270 max. 300 (in gekappten Profilen wesentlich geringer)	Hemifluviatile Schüttungsfächer (fans) in semiaridem Ablagerungsraum. Örtlich Playa Bildungen		Neuropteris sp.?		Mehrere geringmächtige Andesitoidergüsse in Bhg. Pew 1 Geringmächtige basische Pillowlaven (u. dazu disk. Diabasintrusionen) in Bhg. Gst 1	Hochoberkarbon.-unterrotliegende Erosion und z.T. Profilkappung Cs im Raum Richtenberg evtl. vollständig durch Vulkanite vertreten oder fehlend
			Zentralrügen - Folge	Rambiner Sch.	72–78	Wechsellagerung von Sandstein, Siltstein und Tonstein, auf Rügen sandsteinreich	150-170 max. 215 (in gekappten Profilen geringer)	Fluviatile (alluviale) Überschwemmungsebene mit fluviatilen Schüttungsfächern (alluvial fans)		Walchia sp. (Ric 4) Walchia sp. (Gd 1)		6m mächtiger Andesitoiderguß in Bhg Pew 1	örtl. kleine Lücke? regressive Tendenzen
Westfal	Westfal D	tenuis - Zone		Trenter Sch.	67–71	Wechsellagerung von Sandstein, Siltstein und Tonstein. Im Raum Rügen-Prerow einzelne Karbonatgesteinseinschaltungen	100-140 max 155	Limnisch-fluviatile Überschwemmungsebene, evtl. ingressionsbeeinflußt, m. Rinnen- und z.T. Flächensanden		Pecopteris integra Sphenophyllum emarginatum	Punctatosporites rotundus Triquitrites simplex, T. triplex. Triquitrites mamosus Westphalensisporites clarus Endosporites zonalis		Höchstes Vorkommen von cf. Ophthalmichnium ophthalmoides
				Dornbusch-Schichten	59–66	Wechsellagerung von Sandstein, Siltstein und Tonstein, teils sandsteinreich. Mit einem mächtigen basalen Sandsteinkomplex (Dornbuschsandstein)	180-250 minim. 157 (Rn 1, Trt 1)	Limnisch-fluviatile Überschwemmungsebene ohne Ingressionsbeeinflussung, m. Rinnen und z.T. Flächensanden (Braided-River-System bis Binnendelta)		Sphenophyllum emarginatum Asterophyllites equisetiformis f typica	Vestispora fenestrata Torispora spp.	Tiefster Erguß (96m umgew. Rhyodazit) in Pew 1 In Lto 1 subeff. Rhyodazit	
	Westfal C	phillipsi	• Nordrügen - Folge	Ob. Jasmunder Schichten	53–58	Tonsteinreiche Wechsellagerung von (Sandstein), Siltstein und Tonstein. In den Räumen Jasmund u. Prerow mit einzelnen Lagen v. tuffitischem Tonstein; geringe Kohleführung	260-300 max. ~400 (Pew 1); auf Rügen 135-185	Limnisch-fluviatile Überschwemmungsebene ohne Ingressionsbeeinflussung, m. fluviatilen Schüttungskörpern (z.T. deltoidisch, z.T. Rinnensande) und örtlich moorigen Bildungen		Sphenopteris nummularia Sphenopteris striata	Triquitrites sculptilis Westphalensisporites clarus Florinites millotti Guthörlisporites incertus Endosporites zonalis Punctatosporites rotundus	Auf Jasmund und im Raum Prerow tuffitische Tongesteine	Im Bereich des Greifswalder Boddens mit einzelnen Kohleflözchen
		obere similis-pulchra		Unt. Jasmunder Sch.	49–52	Meist tonsteinreiche Siltstein-Tonstein-Wechsellagerung mit wechselnd häufigen Sandsteineinschaltg u. einzelnen Flözen. In den Räumen Jasmund u Prerow mit Lagen v tuffitischem Tonstein	200-275 auf Rügen 100-180	Limnisch-fluviatile Überschwemmungsebene ohne Ingressionsbeeinflussung, randl. mit fluviatilen Schüttungskörpern w.o. und moorigen Bildungen	Levipustula Productaceae Bryozoa, Crinoida Conodontida Campylites stubblefieldi u.a.	Neuropteris scheuchzeri Neuropteris parvifolia Mariopteris aff. sauveuri Spenophyllum emarginatum Calamites carinatus Sphenophyllum cuneifolium	Cyclogranisporites leopoldi Endosporites zonalis Guthörlisporites incertus Florinites mediapudens Florinites millotti Cirratriradites annuliformis Vestispora magna	(Auf Hiddensee u. Wittow in 2 Niveaus Kaolinkohlentonsteine)	An der Basis des CwC der marine Ägirhorizont (25-10, max. 16m ϕ)
	Westfal B	untere similis-pulchra		Lohmer Sch.	48/1–48/4	Flözführende Siltstein-Tonstein-Wechsellagerung	25-85	Ingressionsbeeinflußte Überschwemmungsebene mit Mooren und einzelnen deltoidischen Schüttungskörpern		Neuropteris hollandica Neuropteris obliqua Neuropteris parvifolia Neuropteris gigantea f. pseudogigantea	Alatisporites pustulatus Mooreisporites inusitatus Radiizonates arcatus - Gruppe Wilsonites vesicatus	(In Bhg. Bz1 grusig zersetzter Diabas)	
		ob. modiolaris		Wieker Sch.	43–47	Siltsteinreiche Wechsellagerung von Sandstein, Siltstein u. Tonstein; z.T. einzelne Karbonatgesteinshorizonte; örtlich unreine Flöze	50-130 max. ~160 (Bth 1)	Ingressionsbeeinflußte Überschwemmungsebene, örtlich mit moorigen Bildungen	Anthracosia aff. concinna Naiadites cf. obliquus Naiadites cf. angustus Anthracosia cf. phrygiana A. modiolaris, A. cf. ovum	Mariopteris nervosa Mariopteris sauveuri Sigillaria ovata Asterophyllites charaeformis	Westphalensisporites clarus Microreticulatisporites nobilis Endosporites globiformis Dictyotriletes bireticulatus u. z. a.		2 Brackwasserhorizonte
		...ere ...iolaris		...enseer Sch.	42	Wechselnd konglomeratführ. Sandstein-Siltstein-Wechsellagerung, auf d. Festld. m...	40-75 max. 155			Bothrodendron minutifolium Sphenophyllum cuneifolium	Vestispora tortuosa Ibrahimispores spinosus - I. magnificus - Gruppe		...nale Überflutung

Lithologische Ausbildung – Graphische Darstellung (N – S); Rotfärbung (Korrel. einheiten 66–72):

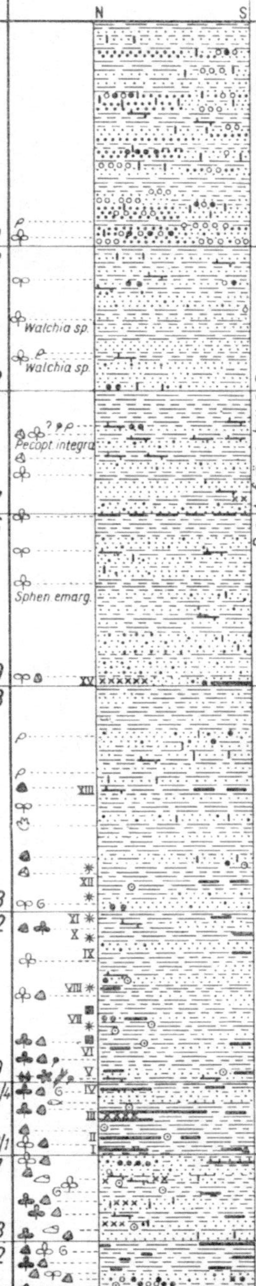

Magmatismus: Intrusionsposition d. intrusiven Diabase in Mittelrügen; Intrusionsposition d. sauren Intrusivgänge Bth 1

ZEITSCHRIFT FÜR ANGEWANDTE GEOLOGIE

BAND 36 / 1990 / HEFT 10

Das Standardprofil des Oberkarbons von Vorpommern

KLAUS HOTH, Freiberg; DIETER WEYER, EBERHARD KAHLERT, HARRY DÖRING, Berlin

Vorbemerkungen

Mit der fortschreitenden und zunehmend differenzierteren Bearbeitung der vorliegenden Tiefenaufschlüsse im Bereich der Mitteleuropäischen Senke werden die Kenntnisse über tiefbegrabene Einheiten auch in diesem Gebiet ständig verbessert. Das betrifft die Ränder der Senke verständlicherweise in stärkerem Maße als ihre zentralen Teile. War schon 1975 über die Kenntnisfortschritte in der Gliederung des höheren Westfal bis Stefan im Bereich der Inseln Rügen und Hiddensee berichtet worden (HIRSCHMANN, HOTH & KLEBER 1975) und hatten SCHMIDT & FRANKE (1977) die allgemeine Entwicklung des Oberkarbons im Norden der DDR dargestellt, so ist es heute möglich, ein einigermaßen differenziertes stratigraphisches Schema (overall-section) für das gesamte Oberkarbon Vorpommerns vorzulegen. Dieses Schema diente seit 1977 den Belangen der praktischen Erkundungstätigkeit und der Forschung und ist in allen seinen wesentlichen Teilen auch heute noch gültig. Es war in der ersten Hälfte der achtziger Jahre für den in Abb. 1 skizzierten Raum auch eine der Grundlagen für eine Einschätzung der Steinkohleführung, wobei sich allerdings keine wirtschaftlich interessanten Ressourcen ergaben.
Grundlage des Standardprofils sind die schon 1975 beschriebenen Verhältnisse in 18 Aufschlüssen von Rügen/Hiddensee und weitere 10 Aufschlüsse südlich davon, die sich im wesentlichen auf den Raum zwischen dem Darß und Usedom verteilen. Off-shore-Bohrungen und ein neuer Aufschluß auf Usedom sind nicht berücksichtigt.
Die o. g. Aufschlüsse wurden auf die gleiche Art und Weise bearbeitet wie 1975 für die Rügen/Hiddensee-Bohrungen skizziert. Die Nachbearbeitung der älteren Bohrungen bzw. die zusammenfassende Bearbeitung der Ergebnisse der neueren Bohrungen erfolgte für das Oberkarbon stets mit Kenntnis der Erstbearbeitungsergebnisse der verschiedensten Bearbeiter, vor allem des VEB Erdöl/Erdgas Grimmen, und ist insofern auch Teil ihrer Arbeit.
Natürlich kann das vorgelegte Standardprofil bei weitem nicht mit dem Gesamtschichtenschnitt des Niederrheinisch-Westfälischen Steinkohlegebietes konkurrieren, hinter dem eine mehr als hundertjährige bergmännisch-geologische Untersuchungserfahrung steht, aber es kann Bindeglied sein zwischen diesem Teil des europäischen „Steinkohlengürtels" und dessen in der Republik Polen gelegenen Teilen.

Die Basis des vorpommerschen Oberkarbons

In weiten Teilen des betrachteten Gebietes liegt das Oberkarbon mit größerer Lücke auf den unterlagernden Einheiten. Das ist aus dem Raum Rügen/Hiddensee gut belegt. Dort transgrediert nämlich das Westfal A mit den Topbereichen der Oberen Barther Schichten zunächst nach Hiddensee, während seine hohen Teile (Hiddenseer Schichten) auch Mittelrügen und Südwittow erfassen. Im Westfal B wird dann zunächst Zentralwittow, während der Bildungszeit der Lohmer Schichten auch Jasmund von der Sedimentation erfaßt (HIRSCHMANN, HOTH & KLEBER 1975). Dieses Maximum der Transgression hielt während des gesamten besonders pelitreichen Abschnittes der Nordrügen-Folge an, wogegen sich zur Zeit der Oberen Jasmunder Schichten auf Wittow bereits regressive Tendenzen zeigen. Das Liegende dieses Oberkarbons ist in allen Fällen mehr oder weniger karbonatisches Obervisé, in der Regel unterschiedlich vollständig erhaltenes mittleres Obervisé (Asbian = V3b). Es fehlt also sowohl auf Rügen als auch auf Hiddensee das Brigantian = V3c (HOFFMANN, LINDERT u. a. 1975). Auch das unterstreicht die Bedeutung dieser namurisch bis intrawestfalischen Schichtlücke. — Obwohl südwärts, also im Festlandsbereich, das tiefere Westfal A (Barthe-Folge) in bedeutender Mächtigkeit ausgebildet ist (300 bis 350 m), liegt selbst dort noch eine Lücke zwischen diesem Westfal A und dem im Liegenden auftretenden Namur (mindestens R2b, eventuell R2c), so daß wenigstens Teile des Yeadonian fehlen. Auch dieses festländische Namur geht nun nicht lückenlos aus dem unterlagernden Visé hervor. Mindestens am S-Rand des Greifswalder Boddens (?NW-Flanke des magnetischen Hochs von Usedom) liegt der Grenzbereich Namur A/B (= Grenzbereich H2/R1) mit teilweiser Konglomeratführung oberem Obervisé (V3c) auf (SCHMIDT & FRANKE 1977). Es fehlt hier fast das gesamte Namur A (Pendlenian = E1, Arnsbergian = E2, Chokierian = H1).
Die Basisfläche des vorpommerschen Oberkarbons ist also prinzipiell ein von Süd nach Nord stratigraphisch ansteigendes Niveau, das auf dem Festland Namur H2/R1-Alter, auf Mittelrügen hohes Westfal-A-Alter und auf Jasmund Westfal-B-Alter hat. Es ergibt sich also selbst bei dem derzeit lückenhaften Kenntnisstand das Bild einer von Süden nach Norden transgredierenden oberkarbonischen Schichtenfolge, wobei immer jüngere Einheiten auf einen immer älteren Untergrund übergreifen. Solche Verhältnisse waren zuerst von STILLE (z. B. 1930, Abb. 1) als typisch für den N-Rand des subvariszischen Oberkarbons postuliert worden, allerdings hatte man sie im Bereich seines vorvariszischen Außenrahmens bisher nirgends gefunden. Mit der STILLEschen Definition von 1930 läge der N-Rand der subvariszischen Vor- bzw. Saumtiefe im Zentralabschnitt der Mitteleuropäischen Senke auf Rügen und demzufolge auch am S-Rand verwandter Krusteneinheiten (z. B. Ringköbing-Fyn-Hoch). Mit der Definition von PAPROTH & TEICHMÜLLER (1961) ist das aber nur der N-Rand des oberkarbonischen „Vorlandbeckens" (HEDEMANN & TEICHMÜLLER 1971).

Namur

?Chokierian/Alportian

Als tiefstes Oberkarbon ist im nordöstlichen Festlandsgebiet der DDR eine rd. 15 m mächtige pyritführende Tonsteinfolge nachgewiesen, in der *Homoceras*? sp. und *Homoceratoides*? sp. den Grenzbereich zwischen höchstem Alportian und basalem Kinderscoutian belegen. Auch die übrige Fauna dieses Bereiches (vgl. Abb. 3 — Einschlagtafel) besteht mit Productacea, orthoconen Nautiloidea, Crinoida u. a. aus teilweise

Eingang des Manuskripts in der Redaktion: 16. 1. 1990

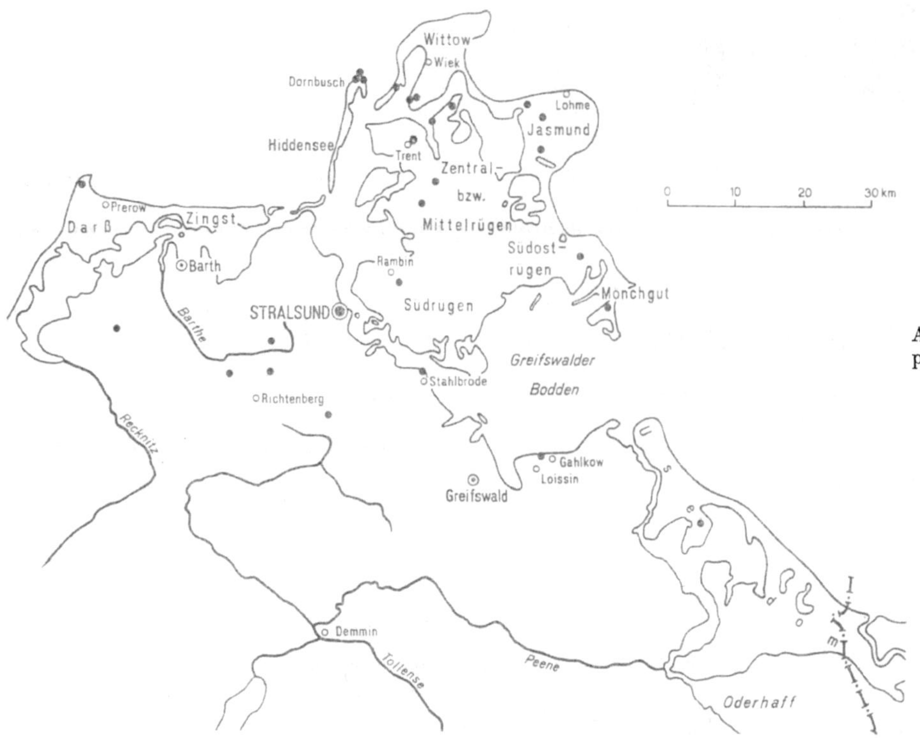

Abb. 1. Oberkarbonaufschlüsse in Vorpommern bis 1985

hochmarinen Formenkreisen. Die Tonsteinfolge, die im oberen Teil einzelne bis 0,2 m mächtige Anthrazitlagen enthält, wird nach unten hin durch eine Feinsandsteinlage und schließlich durch ein rd. 4 m mächtiges Quarz- und Spilitgerölle führendes Grobkonglomerat begrenzt. Das ganze ca. 20 m mächtige Sedimentpaket ist der tiefste bisher biostratigraphisch belegte Horizont der oberkarbonischen Molasse im Norden der DDR.

Unklar ist die stratigraphische Stellung des tieferen, im wesentlichen nur durch Bohrlochmessung und Spülproben bekannten Profilabschnittes, nämlich einer rund 27 m mächtigen kohlefreien, offenbar marinen Tonsteinfolge mit karbonatischen und siltigen Lagen (Korrelationseinheit 4), eines darunter folgenden calcitischen Mittelsandsteins (Korrelationseinheit 3/5) und einer kohleführenden, karbonatischen Tonstein-Siltstein-Folge (Korrelationseinheit 3/4)*), beide zusammen reichlich 10 m mächtig. Eine Einstufung als ?Chokierian/Alportian oder nur als ?Alportian wird erwogen. — Unterhalb dieses unsicheren Profilabschnittes folgt eine wechselnd karbonatische Feinsandstein/Siltstein-Wechsellagerung, die in ihrem tieferen Teil durch Kohlenkalk-Foraminiferen als höchstes Visé (Brigantian) belegt ist.

Da eine Strukturdiskordanz zwischen dem Alportian/Kinderscoutian-Grenzbereich und dem stratigraphisch unsicheren Profilabschnitt bzw. zwischen diesem und dem sicheren Visé nicht nachgewiesen werden konnte, wurde die Visé/Namur-Grenze mit dem Einsetzen der ersten mächtigeren Anthrazitlage, d. h. an der Basis von Korrelationseinheit 3/4 gezogen (vgl. Abb. 3). Damit ergäbe sich für den Raum am S-Rand des Geifswalder Boddens eine Maximalmächtigkeit des hier tiefsten Namurs von 58 m. — Natürlich ist die Begrenzung des Namurs an der Basis des oben genannten Spilitkonglomerates und eine weit geringere Mächtigkeit ebenso möglich.

In jedem Falle ist das höchste Namur A im nordöstlichen Festlandsgebiet der DDR eine weitgehend feinklastische Schichtenfolge, in die nur gelegentlich Grobklastika eingeschaltet sind. Von diesen wird das genannte Spilitkonglomerat auf ein Westusedomer Hochgebiet bezogen, in dessen Bereich unterkarbonische basische Effusiva häufig sind. Die bisher nur geringe bekannte Mächtigkeit des skizzierten Namur A muß durchaus nicht für das ganze nordöstliche Festlandsgebiet der DDR typisch sein. So könnte die am S-Rand des Greifswalder Boddens große Lücke, die fast das gesamte Namur A umfaßt (s. o.), in anderen Teilen des Festlandsgebietes wesentlich kleiner sein und mit Annäherung an die zentraleren Teile der Mitteleuropäischen Senke ganz fehlen.

Kinderscoutian

Mit dem Kinderscoutian (*Reticuloceras*-Stufe 1) ist ein Zeitabschnitt belegt, über den bereits wesentlich bessere Kenntisse vorliegen. Die Abgrenzung der Stufe ist durch die bereits genannte Fauna des Alportian/Kinderscoutian-Grenzbereiches im Liegenden und durch Faunen mit *Reticuloceras* cf. *reticulatum* (PHILLIPS 1836) (R1c?) in der Nachbarschaft des bis 25 m mächtigen Sandsteins der Korrelationseinheit 19 gegeben. Gewisse Unsicherheiten existieren an der Obergrenze (vgl. Abb. 3). Das sichere R1 hat damit eine Mächtigkeit von mindestens 480, wahrscheinlich 540 m am S-Rand des Greifswalder Boddens und von mindestens 300 m in der Prignitz, d. h. im Raum nordöstlich von Wittenberge. Die Mächtigkeit liegt also deutlich höher als im Bergischen Land (ca. 150 m) oder gar im Münsterland (HEDEMANN, FABIAN u. a. 1972).

Mindestens 9 bis 10 marine Horizonte und mindestens 2 bis 3 brackische Niveaus sind bisher aus dem hier behandelten R1 bekannt. Wesentlich für die Aufstellung des Standardprofils im mittleren Namur und für die Beurteilung der Beckensituation war die lithostratigraphische Korrelation des Aufschlusses Loissin 1 mit der weit entfernten Bohrung Parchim 1. Dadurch ließen sich die Nachweise von *Reticuloceras subreticulatum* (FOORD 1903), *R.* cf. *gulincki* (BOUCKAERT 1960), *R.* cf. *todmordenense* (BISAT & HUDSON 1943), *Vallites henkei* (SCHMIDT 1934) im Liegenden des mächtigen Sand-

*) Wegen der Unvollständigkeit des Oberkarbonprofils und aus historischen Gründen ist die Numerierung der Korrelationseinheiten des Oberkarbons nach unten offen

steins der Korrelationseinheit „11" in der Prignitz in einen größeren Rahmen stellen.
Lithostratigraphisch sind im Kinderscoutian des nordöstlichen Festlandsgebietes der DDR zwei wesentliche Abschnitte zu unterscheiden, nämlich ein flözführender Tonsteinkomplex mit zahlreichen Siltstein- und Sandstein-Einschaltungen im unteren Teil und eine kohlefreie grobzyklische Sandstein-Siltstein-Tonstein-Wechsellagerung im oberen Teil. Der flözführende Tonsteinkomplex wird in der Prignitz durch eine flözfreie Siltstein-Sandstein-Folge vertreten; hier machen sich die Schüttungsbahnen aus dem Variszidenraum bereits deutlich bemerkbar. Dabei muß allerdings darauf hingewiesen werden, daß in der Prignitz der untere Profilabschnitt nur teilweise aufgeschlossen ist (vgl. Abb. 3). Die Sandsteine der Korrelationseinheiten 15 und 19 und die Grobklastika an der Basis von R1b (= Korrelationseinheit 11) sind als kräftige Lieferimpulse zur Fernkorrelation geeignet. Im Standardprofil wurde der untere flözführende Tonsteinkomplex 1977 als „Loissiner Schichten" bezeichnet und definiert und die obere Siltstein-Sandstein-Folge als „Parchimer Schichten" ausgewiesen.

Die teilweise Überschneidung mit der Rotliegendstratigraphie (nach 1977 auch unterer Teil der Havel-Folge als „Parchim Schichten" bezeichnet, vgl. KATZUNG, FISCHER u. a. 1977) wird bald behoben sein, da die strittige Bezeichnung für die Verwendung im Rotliegenden ungeeignet ist und in Kürze aufgegeben wird. Ungeeignet ist auch E. BERGMANNS Versuch, das gesamte R1 im nordöstlichen Festlandsgebiet der DDR als Loissiner Schichten i. w. S. zusammenzufassen.

Die Anthrazitführung des unteren Profilabschnittes ist trotz der geringen Mächtigkeit der Kohlelagen und Flöze (0,1 bis 0,5, maximal 0,75 m) und ihres oft schwierigen Nachweises durch Bohrlochmessungen in großen Teufen doch so charakteristisch, daß man ihr wesentliche lithostratigraphische Bedeutung zugestehen muß.

Marsdenian

Durch den Fund eines marinen Niveaus mit der Leitform des mittleren Marsdenian, *Bilinguites bilingue* (SALTER 1864) (R2b1) in der Bohrung Barth 1, das mit einem entsprechenden Niveau in der Bohrung Parchim 1 korrespondiert, war hohes Namur B im Oberkarbon des nordöstlichen Festlandsgebietes der DDR nachgewiesen. In der Bohrung Loissin fehlt dieser Oberkarbonbereich lücken- oder störungsbedingt (vgl. Abb. 2 und 3). Lithologisch handelt es sich bei den Gesteinen des weiteren Fundbereiches um eine unregelmäßig zyklische Siltsteinfolge mit einzelnen Tonsteinlagen und Sandsteinbänken und geringer Pyrit- und Anthratzitstreifenführung. Tiefer und höher im Profil sind Siderit und eine gewisse Karbonatführung charakteristisch. In der Prignitz zeigt sich bei monotonerem Profilaufbau eine verstärkte Sandsteinführung (linke Seite Lithologiegraphik von Abb. 3). Die gesamte Siltsteinfolge wird als Marsdenian (R2b + R2c?) betrachtet und ist dann mindestens 120 m mächtig. Da der R2b1-Nachweis nahe der Untergrenze dieses Profilabschnittes liegt, war auch im oberen Teil der „Parchimer Schichten", d. h. in Korrelationseinheit 22, noch R2 vermutet worden; *Bilinguites gracilis* (BISAT 1924) beweist das inzwischen. Die Mächtigkeit des Marsdenian liegt damit bei ca. 170 m und ist deutlich geringer als im Bergischen Land und im Münsterland, wo 480 bis 500 m nachgewiesen sind (HEDEMANN, FABIAN u. a. 1972). Das ist ein Hinweis auf eine ständige Verlagerung der Subsidenzzentren im mitteleuropäischen Namurtrog.

Der Grenzbereich Namur/Westfal

Auf die durch eine Lücke bestimmten Verhältnisse an der Wende Namur/Westfal ist schon hingewiesen worden. Mangels ausreichend eng datierbarer Faunennachweise sind die speziellen Verhältnisse allerdings nicht ganz klar. Letzte

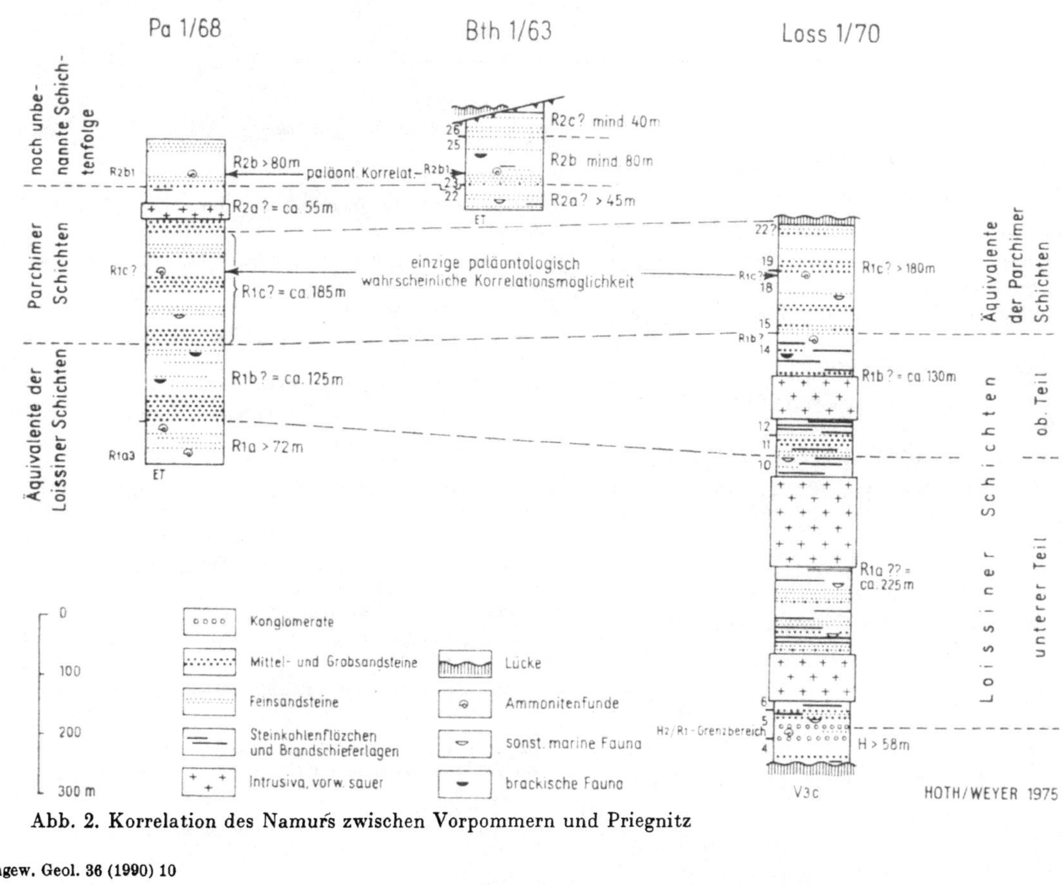

Abb. 2. Korrelation des Namurs zwischen Vorpommern und Priegnitz

sichere faunistische Anhaltspunkte für die Fixierung der genannten Lücke sind im liegenden Namur die o. g. R2b-Faunen, im sicheren Westfal belegen erst die Brackwasserhorizonte in den Oberen Barther Schichten (nach D. WEYER mit *Anthraconaia* cf. *perlongata* PASTIELS 1960, *Curvirimula* cf. *belgica* (HIND 1912), *C.* cf. *subovata* (DEWAR 1939), *Naiadites* aff. *productus* (BROWN 1849), *N.* aff. *stockmansi* PASTIELS 1960 u. a. sowie mit Conchostraken wie *Isaura striata* (auct. non MÜNSTER in GOLDFUSS 1840) *I. simoni* (PRUVOST 1911) die *lenisulcata*-Zone sensu stricto oder die *communis*-Zone. Für die betreffende Lücke und die im fraglichen Bereich vorkommenden Sedimente besteht also nach der Fauna theoretisch für den Raum am S-Rand des Greifswalder Boddens ein Spielraum von Namur (R2c) bis Westfal (Grenzbereich *lenisulcata*/*communis*-Zone).
Innerhalb des so umgrenzten Bereiches ist außer den sandbetonten Unteren Barther Schichten (wahrscheinlich CwA) eine vermutlich brackische, mindestens 80 m mächtige Tonsteinfolge (Gahlkower Schichten) das einzige Schichtglied. Es enthält einzelne geringmächtige Flöze sowie Siltstein- und Sandsteineinschaltungen. Nach den non-marinen Bivalvia der zwei Faunenniveaus ist keine Datierung möglich, und die nachgewiesene Makroflora mit *Sigillaria mamilaris* BRGT. und *Lepidodendron wortheni* LESQU. läßt nach der bisher bekannten Verbreitung dieser Arten am ehesten eine Einstufung als CwA zu. Nach der bei einer Nachbearbeitung (1983) nachgewiesenen Mikroflora (*Schulzospora rara* KOS., *S.* cf. *ocellata* (HORST) POT. & KR., *Bugensipollenites* cf. *bisaccatus* DYB. — JACH., *Grumosisporites varioreticulatus* ARTÜZ, *Ibrahimispores brevispinosus* NEV., *Florinites* sp., *Laevigatosporites* sp.) ist eine Zuordnung zum Namur B als gesichert anzusehen (H. DÖRING), obwohl CwA nicht völlig ausgeschlossen werden kann. — Im Standardprofil wurde versucht, die geschilderte Situation zum Ausdruck zu bringen.

Westfal

Während der Kenntnisstand über die Ausbildung und Verbreitung des Namurs wegen des geringen Aufschlußgrades (SCHMIDT & FRANKE 1977) noch recht lückenhaft ist, liegen für das vorpommersche Westfal schon weit besser abgesicherte Erkenntnisse vor.
Auf Grund der „erzgebirgischen" Lücke an der Wende Namur/Westfal sind die basalen Teile des Westfal A möglicherweise z. T. noch unbekannt. Dennoch ist das Westfal im nordöstlichen Festlandsgebiet der DDR mit ca. 1200 bis maximal 1800 m relativ mächtig. Paläontologisch sind heute CwA, CwB, CwC und CwD belegt. Das ergab auch schon früher die lithostratigraphische Analyse. Die jetzt vorliegende eingehende lithostratigraphische Gliederung erlaubt eine enge Korrelation der Westfal-Profile des nordöstlichen Festlandsbereiches und der Profile aus dem Raum Rügen/Hiddensee. Dadurch lassen sich 9 lithostratigraphische Einheiten im Range von Schichten ableiten (Abb. 3). Eine Zusammenfassung von jeweils mehreren dieser Schichten zu Folgen ist erforderlich, weil die teilweise nicht so sehr markanten Zusammensetzungsunterschiede benachbarter Schichtkomplexe beckenwärts verschwimmen können.

Westfal A

Das sichere Westfal A beginnt mit dem sog. Mecklenburg-Sandstein, einem bis zu 80 m mächtigem Paket deltoider Fein- bis Mittelsandsteine, die etwa im Raum der Oderbucht bzw. im Raum des Plantagenet-Grundes ihren Ursprung haben. Der Sandsteinkomplex könnte stratigraphisch etwa den Sandsteinen im Bereich Kreftenscheer bis Finefrau an der Ruhr entsprechen. Er ist das Basisglied der etwa 200 bis 235 m mächtigen Unteren Barther Schichten, einer fast

---

Tafel 1

Fig. 1. *Pecopteris integra* ANDRAE 1849; Originalgröße

Fig. 2. *Lepidodendron wortheni* LESQUEREUX 1866; 3:1

Fig. 3. *Asterophyllites charaeformis* STERNBERG 1820; 2:1

Fig. 4. *Eusphenopteris nummularia* (GUTBIER 1835) NOVIK f. *nummularia* van AMEROM 1975; 2:1

Fig. 5. *Asterophyllites equisetiformis* f. *typica* JONGMANS & KUCKUK 1913; 2:1

Fig. 6. *Sigillaria mamilaris* BRONGNIART 1828; 2:1

Fig. 7. *Sphenophyllum emarginatum* (BRONGNIART 1821) BRGT. 1828 emend. BATENBURG 1977; 2:1

Fig. 8. *Neuropteris obliqua* (BRGT. 1828 GOEPPERT 1841; 2:1

Fig. 9. *Paripteris scheuchzeri* (HOFFMANN 1823/29) GOTHAN 1923; Originalgröße

Tafel 2

Fig. 1. *Reinschospora triangularis* KOS. — Präp. Rügen 2: 89/6 (18,0/116,5)
Ahrensisporites-Abschn., Westfal A

Fig. 2. *Microsporites radiatus* (IBR.) DIJKSTRA — Präp. Rügen 2: 89/5 (23,5/108,3)
Ahrensisporites-Abschn., Westfal A

Fig. 3. *Secarisporites remotus* NEV. — Präp. Rügen 2: 91/3 (18,8/101,3)
Ahrensisporites-Abschn., Westfal A

Fig. 4. *Ahrensisporites guerickei* HORST — Präp. Rügen 2: 89/4 (20,2/109,6)
Ahrensisporites-Abschn., Westfal A

Fig. 5. *Lycospora paulula* ART. — Präp. Rügen 2: 88/5 (7,2/120,6)
Lycospora-Abschn., Westfal A

Fig. 6. *Apiculatisporites* cf. *setulosus* (KOS.) PT. & KR. — Präp. Rügen 2: 88/6 (19,7/120,0)
Lycospora-Abschn., Westfal A

Fig. 7. *Vestipora tortuosa* (BALME) BHARD. — Präp. Rügen 2: 49/2 (4,9/116,7)
Endosporites globiformis-Abschn., Westfal B

Fig. 8. *Microreticulatisporites nobilis* (WICHER) KNOX — Präp. Rügen 2: 15/2 (7,8/100,5)
Microreticulatisporites nobilis-Abschn., Westfal B

Fig. 9. *Camptotriletes corrugatus* (IBR.) POT. & KR. — Präp. Rügen 2: 15/2 (6,5/99,6)
Microreticulatisporites nobilis-Abschn., Westfal B

Fig. 10. *Westphalensisporites clarus* (DYB. & JACH.) JACH. — Präp. Wiek 101: 59/1 (13,2/108,2)
Microreticulatisporites nobilis-Abschn., Westfal B

Fig. 11. *Radiizonates tenuis* (LOOSE) BUTTW. & SM. — Präp. Wiek 101: 23/2 (19,0/106,0)
Microreticulatisporites nobilis-Abschn., Westfal B

ca. 1000fache Vergrößerung bei den Fig. 1 und 3 bis 11,
ca. 110fache Vergrößerung bei Fig. 2

Beide Tafeln stehen auf der Rückseite der beigefügten Einschlagtafel

kohlefreien Sandstein/Siltstein-Wechsellagerung mit gelegentlicher Sideritführung (Abb. 3). Auch die ca. 120 m mächtigen Oberen Barther Schichten, die mittlere lithostratigraphische Einheit des CwA, sind kohlearm, obwohl sie eine Siltstein-/Tonstein-Wechsellagerung mit nur geringer Sandsteinführung darstellen. Geringmächtige, unreine flözartige Kohlelagen mit lokaler Verbreitung treten erst in den Hiddenseer Schichten, also im oberen Westfal A auf. Diese Schichten sind eine im allgemeinen 40 bis 75 m mächtige konglomeratführende Sandstein/Siltstein-Wechsellagerung, wobei die Konglomerate nach bisheriger Kenntnis insbesondere im Raum Hiddensee—Westrügen—Barth verbreitet sind. Auf Hiddensee wurden bisher maximal 6 Konglomerathorizonte nachgewiesen (HIRSCHMANN, HOTH & KLEBER 1975), denen mindestens vier Foraminiferenniveaus mit mariner Begleitfauna zwischengelagert sind. Bemerkenswert ist die Sideritführung der Konglomerate und der mit ihnen verknüpften Psammite, da das auf relativ küstennahe Bildungsbedingungen weist. — Entgegen der bedeutenden Flözführung des CwA an der Ruhr (HEDEMANN, FABIAN u. a. 1972) ist die Kohleführung des vorpommerschen Westfal A außerordentlich gering.

Für den stratigraphischen Beleg des CwA und die Einstufung seiner Teile besitzt die Makro- und Mikroflora bereits besonderes Gewicht. Vor allem *Sigillaria elegans* BRGT. weist auf CwA, die Form überschreitet an der Ruhr Flöz Katharina nicht. Die in Abb. 3 genannten Sporen belegen CwA, und zwar im tieferen Teil (CnB/C-)tieferes CwA, im mittleren Teil die Hiddenseer Sporenabschnitte WH1 und WH2 = mittleres CwA und im höheren Teil die Sporenabschnitte WH3 und WH4 = höheres CwA (DÖRING 1975). Innerhalb des vorpommerschen Westfal A sind bisher mindestens 6 bis 7 brackische und 2 bis 3 marine Horizonte nachgewiesen. Sie weisen auf paralische Verhältnisse hin, die sich mit dem Westfal auch im nordöstlichen Küstengebiet der DDR durchgesetzt haben. Vier dieser non-marinen Bivalvia-Niveaus gehören nach dem gemeinsamen Auftreten von *Carbonicola* und *Anthracosia* in die *communis*- oder in die untere *modiolaris*-Zone, für zwei andere mit reicherer Fauna kommen nur die *lenisulcata*-Zone (sensu stricto) oder die *communis*-Zone in Betracht. — Die 2 bis 3 marinen Horizonte, die in den Unteren Barther Schichten bekannt sind, führen nur *Ophthalmichnium*, *Lingula* und *Selenimyalina* und sind infolgedessen nicht datierbar. Es ist nicht unwahrscheinlich, daß sie dem Bereich Finefrau Nebenbank bis Girondelle an der Ruhr entsprechen könnten. Allerdings wird man die geringere Marinität der Faunenbänder in unserem Raum immer in Rechnung stellen müssen.

Die Gesamtmächtigkeit des vorpommerschen Westfal A beträgt 400 bis 500, maximal 590 m, und liegt damit deutlich unter der des Rhein-Ruhr-Reviers (dort 900 bis 1100 m). Subsidenzzentren im Westfal A des nordöstlichen Küstengebietes der DDR sind der Raum südwestlich von Barth und der Raum am S-Rand des Greifswalder Boddens.

Westfal B

Das CwB im nordöstlichen Küstengebiet der DDR ist ein oberkarboner Profilabschnitt, der im Vergleich zu den entsprechenden Bildungen des Lippe-Gebietes und Niedersachsens besonders geringmächtig ist (80 bis maximal 245 gegenüber 800 m). Ob extreme Profilkondensation oder kleinere Lücken dafür verantwortlich sind, ist unbekannt. Lithologisch ist das vorpommersche Westfal B deutlich zweigeteilt: Der untere Teil (Wieker Schichten) ist eine siltsteinreiche Wechsellagerung aus Sandstein, Siltstein und Tonstein, die einzelne geringmächtige Karbonatgesteinshorizonte führt und gelegentlich unreine, lokal verbreitete flözartige Kohlelagen enthält; der obere Teil (Lohmer Schichten) ist recht tonsteinreich und relativ reich an Kohle. Der Anteil der Steinkohle an der Schichtmächtigkeit beträgt 2 bis 4, maximal 5%. Es treten im Höchstfall vier z. T. mehrgliedrige Flöze auf (Flöze I bis IV), wobei die Mächtigkeit der Kohlelagen und (Teil)flöze zwischen 0,1 und 1,2 m schwankt und Gesamtflözmächtigkeiten von maximal 1,8 m erreicht werden. Der Aschegehalt der Kohle ist mit 5 bis 9% relativ gering, die bestimmten Heizwerte schwanken zwischen 6300 und 6800 kcal (ca. 26400 bis 28500 kJ). Bei den Kohlen dieser Flöze handelt es sich im N-Teil von Rügen und Hiddensee gewöhnlich um Gas- bis Gasflammkohlen. Nach Süden hin treten bei größerer Tiefenlage auch Gas- und Fettkohlen auf, die in der Nachbarschaft von Diabas-Gangschwärmen und im Kontakthof des bis auf das Festland ausgedehnten „Südrügen-Plutons", eines granophyrischen, randlich porphyrartigen Granitlakkolithen, in Anthrazit umgewandelt sind. Im südlichen und westlichen Festlandsbereich nimmt die Flözführung anscheinend ab.

Marine Horizonte sind trotz guter Aufschlußverhältnisse im vorpommerschen Westfal B nicht bekannt geworden, dafür liefern zwei Brackwasserhorizonte in den Wieker Schichten gute stratigraphische Anhaltspunkte. Der nahe der Basis der Wieker Schichten gelegene Brackwasserhorizont (Korrelationseinheit 43/2) ist durch non-marine Bivalvia (HIRSCHMANN, HOTH & KLEBER 1975) eindeutig als obere *modiolaris*-Zone und darüber hinaus mit großer Wahrscheinlichkeit als Niveau der *ovum*-Fauna (= basales CwB) belegt. Er ist im Raum Rügen—Hiddensee vielfach nachgewiesen. — Der zweite nahe der Obergrenze der Wieker Schichten in Korrelationseinheit 46 auftretende Brackwasserhorizont enthält *Anthracosia* aff. *concinna* (WRIGHT 1929), *Naiadites* cf. *angustus* TRUEMAN & WEIR 1956, *N.* aff. *productus* (BROWN 1849), *N.* cf. *obliquus* DIX & TRUEMAN 1932 und ist damit eindeutig als untere *similis-pulchra*-Zone, und zwar wahrscheinlich als deren unterer bis mittlerer Teil belegt. Im Raum Hiddensee und ? Rügen treten in diesem Niveau nur karbonatische Lagen und ein limnischer Frischwasserhorizont mit *Spirorbis* auf. Die „Rügener Hauptflözzone" (= Lohmer Schichten) ist damit stratigraphisch als oberer Teil der unteren *similis-pulchra*-Zone einzustufen, d. h. als Äquivalent des höheren Teiles der Horster Schichten im Lippe-Gebiet. Die Makroflora des vorpommerschen Westfal B ist arten- und individuenreich (DABER 1969). Charakteristische Taxa, die z. T. in Verknüpfung miteinander Westfal B repräsentieren sind: *Neuropteris hollandica* STOCKMANS, *N. obliqua* (BRGT.) GOEPP., *Mariopteris nervosa* (BRGT.) ZEILLER, *Sigillaria ovata* SAUV., *Annularia microphylla* SAUV., *Asterophyllites charaeformis* STERNB. Die in Abb. 3 angegebene Mikroflora belegt die Sporenabschnitte WH5 und WH6 (DÖRING 1975), also unteres bis oberes CwB.

Westfal C

Mit dem hochmarinen Ägirhorizont (Korrelationseinheit 49), der letzten großen marinen Überflutung im mitteleuropäischen Oberkarbonbecken, beginnt auch im nordöstlichen Küstengebiet der DDR das Westfal C. Der durchschnittlich 3,9 bis 7,4 m, maximal ? 16 m mächtige Horizont ist im Raum Rügen/Hiddensee mehrfach nachgewiesen und andernorts durch Bohrlochmessungen wahrscheinlich gemacht. Die Datierung des Horizontes, der eine reiche Fauna führt (HIRSCHMANN, HOTH & KLEBER 1975), basiert auf einer gewissen Vorgabe des überhaupt möglichen Alters innerhalb des Oberkarbonprofils (Position über der oberen *modiolaris*-Zone und über der Sporenassoziation des oberen CwB) und auf dem Auftreten ökologisch besonders anspruchsvoller Fossilgruppen wie *Levipustula* und *Dictyoclostus*-artigen Productiden, Crinoiden,

(z. T. in cank-Lagen), Conodonten, Bryozoen und taxodonten Bivalvia.

Das lithostratigraphisch zweigliedrige CwC (Untere und Obere Jasmunder Schichten) ist insgesamt eine tonsteinreiche Schichtenfolge (Abb. 3) und erreicht eine Mächtigkeit von maximal 460 bis 675 m (Ruhr-Lippe-Gebiet 700 bis 850 m). Kaolin-Kohlentonsteine im mittleren Teil der Unteren Jasmunder Schichten und Lagen tuffitischen Tonsteins im unteren Teil der Gesamtfolge sind ebenso charakteristisch wie einzelne absetzige Kohlelagen oder kleine Flöze (V bis XIII). Im Gegensatz zum Sandsteinreichtum des Westfal C in Nordrhein-Westfalen liegt hier der Psammitanteil unter 25%.

Die Makroflora, im wesentlichen in den Unteren Jasmunder Schichten konzentriert, mit *Neuropteris scheuchzeri* HOFFM. (Hauptverbreitung CwC, Häufigkeitsrückgang CwD), *Eusphenopteris nummularia* GUTB. (höheres CwB-CwD), *Sph.* cf. *mikroskopia* (Belgien, Frankreich CwC, Ruhr CwB) ist in Kombination für CwC typisch. Die in Abb. 3 angegebenen Sporen sind im allgemeinen für das CwC charakteristisch. *Triquitrites sculptilis* BALME, *Florinites millotti* BUTTW. & WILL. und *Guthörlisporites incertus* BARTH reichen mit z. T. eingeschränkter Häufigkeit auch ins CwD hinauf. *Cirratriradites annuliformis* KOS. kennzeichnet die Sporenzone WH 7 (DÖRING 1975), d. h. den tiefsten Teil des CwC. Innerhalb des CwC erfolgt der Übergang von der humiden Graufazies zur terrestrisch-ariden Rotfazies (HIRSCHMANN, HOTH & KLEBER 1975). Im Festlandsbereich endet die Übergangszone zwischen „Grauer" und „Roter Folge" erst im oberen Teil der Oberen Jasmunder Schichten.

Westfal D

Während noch 1975 die Existenz von Westfal D umstritten und seine Abgrenzung zum Liegenden hin problematisch war (HIRSCHMANN, HOTH & KLEBER 1975), kann durch Sporenfunde im Bereich von SE-Rügen und am S-Rand des Greifswalder Boddens die Existenz von CwD jetzt als bewiesen gelten. Damit gehören die lithostratigraphischen Einheiten Dornbusch-Schichten und Trenter Schichten ohne Zweifel zum Westfal D.

Nahe der Basis des Dornbusch-Sandsteins und damit der Dornbusch-Schichten wurde in SE-Rügen eine Mikroflora mit *Vestispora fenestrata* (KOS.) WILS. & VENK., *Torispora laevigata* BHARDW., *T. securis* BALME und *Punctatosporites granifer* POT. & KR. nachgewiesen, die nach der Sporenfolge im Saar-Lothringer Karbon in den Grenzbereich CwC/D (entsprechend CwD-Untergrenze Karbon-Kongreß Paris 1963) bzw. ins tiefste CwD (PRUVOST 1934) gehört. Im Zwickauer CwD-Profil ist diese Mikroflorengesellschaft vor allem für den Sporenabschnitt WZ1 (-Beginn WZ2), also die tiefsten mikrofloristisch belegten Profilabschnitte charakteristisch (DÖRING, HOTH & KAHLERT 1988). Die Basis des vorpommerschen Westfal D wird also berechtigt mit der Basis des Dornbusch-Sandsteins gezogen. Im tiefsten Bereich des CwD treten in SE-Rügen auch die letzten Wurzelböden und die letzte rd. 0,2 m mächtige Kohlelage (Flöz „Rumpelstilzchen" = XV) auf; das entspricht etwa dem Bereich von Flöz Dickenberg bei Osnabrück. — Die höchsten bisher einstufbaren Mikrosporen im Oberkarbon des nordöstlichen Küstenbereiches stammen aus den Trenter Schichten am S-Rand des Greifswalder Boddens. Die Sporengesellschaft mit *Endosporites zonalis* (LOOSE) KNOX bis *Punctatosporites rotundus* BHARDW. (vgl. Abb. 3) spricht wegen des häufigen Vorkommens der Gattung *Triquitrites* unter Berücksichtigung der Profilposition für Westfal D. Wiederum findet sich ein Teil dieser Sporen auch im CwD von Zwickau.

Die nachgewiesene Makroflora mit *Sphenophyllum emarginatum* (BRONG.) BRONG. emend. BATENBURG (Dominanz im CwC2—CwD) und *Asterophyllites equisetiformis* f. *typica* YONG. et KUCKUK (Dominanz im CwB—CwC) im unteren Teil sowie *Sph. emarginatum* (BRONG.) BRONG. emend. BATENBURG und *Pecopteris integra* ANDRAE (Dominanz CwD2—CsA; vgl. HIRSCHMANN, HOTH & KLEBER 1975) im oberen Teil stützt den mikrofloristischen Befund. Von der spärlichen Mikrofauna her ergeben sich kaum Altershinweise. Die Foraminiferenfunde im höheren Teil der Dornbusch-Schichten und in den Trenter Schichten des Raumes Richtenberg (*Ammodiscus roessleri* (SCHMID 1867), *Hemidiscus* sp.; leg. et det. KIRSCHNER) werden als allochthon diskutiert. Das höchste Vorkommen von cf. *Ophthalmichnium ophthalmoides* (JESSEN 1950) im Bereich der Korrelationseinheiten 68 bis 70 weist zunächst nur auf eine schwach marine Beeinflussung hin. Da die letzte schwach marine Einschaltung im Raum Osnabrück maximal 180 m über der CwD-Basis liegt (HEDEMANN, FABIAN u. a. 1972, S. 38/40 = Itterbeck-Niveau), könnte das ein Hinweis auf CwD sein.

Die Lage der Obergrenze des CwD im lithostratigraphischen Profil bleibt problematisch, zumal das Itterbeck-Niveau Niedersachsens noch in den unteren Teil des dortigen CwD gehört. So ist nicht mit Sicherheit auszuschließen, daß Teile der Rambiner Schichten, vielleicht sogar die ganze Zentralrügen-Folge ins CwD gehören. Die Walchienfunde in den Rambiner Schichten (vgl. nächsten Abschnitt und HIRSCHMANN, HOTH & KLEBER 1975) sind nicht unbedingt ein Gegenargument, da Walchienvorläufer bereits im Westfal auftreten (SCOTT 1975).

Die lithologische Charakteristik und die Mächtigkeit von Dornbusch- und Trenter Schichten gehen aus Abb. 3 hervor und sind für den Raum Rügen bei HIRSCHMANN, HOTH & KLEBER (1975) beschrieben. Die Gesteine sind weitgehend rot gefärbt. Es ist darauf hinzuweisen, daß im Festlandsbereich die Unterschiede zwischen Trenter und Rambiner Schichten bis zur Unkenntlichkeit verschwimmen, da der auf Rügen charakteristische Sandsteinreichtum der Rambiner Schichten festlandwärts zurücktritt und die Karbonatlagen in den Trenter Schichten zunehmend fehlen. — Hervorzuheben ist das Auftreten erster Glieder des „Autun"-Vulkanitkomplexes der Mitteleuropäischen Senke im CwD des nordöstlichen Festlandsgebietes der DDR (tiefer Rhyolithoid im Raum Prerow).

Stefan

Auf Rügen geht aus den Trenter Schichten durch Zunahme des Sandgehaltes eine sandsteinreiche Sandstein/Siltstein/Tonstein-Wechsellagerung hervor, deren Äquivalente im Raum Stahlbrode—Richtenberg Walchien führen (HIRSCHMANN, HOTH & KLEBER 1975). Die Gattung *Walchia* hat ihr Verbreitungsmaximum im Stefan bis Rotliegenden, weshalb die Funde unter den gegebenen Umständen als Hinweis für das stefanische Alter der Fundschichten angesehen werden (vgl. jedoch auch Abschnitt Westfal D). Andere paläontologische Anhaltspunkte fehlen sowohl in den Rambiner als auch in den hangenden Mönchguter Schichten. Hatten SCHMIDT & FRANKE (1977) mindestens für die obere dieser Einheiten noch unterpermisches Alter erwogen, so ist diese Diskussionsmöglichkeit heute überwunden. Dadurch, daß die basale Andesitoid-(Rhyolithoid-)Folge des „Autun"vulkanitkomplexes der Mitteleuropäischen Senke und ihre Äquivalente durch Fossilfunde im Bereich der Flechtinger Scholle und in Ostbrandenburg im wesentlichen ins Stefan C verwiesen werden konnten, müssen die im Verband damit auftretenden Schichtkomplexe ebenfalls ins hohe Oberkarbon gestellt werden. Das trifft auf die Mönchguter und die Rambiner Schichten zu, in denen im Raum Prerow saure Andesitoide der o. g. basalen Andesitoid-(Rhyolithoid-)Folge auftreten.

Die Lithologie der Rambiner und der Mönchguter Schichten ist in HIRSCHMANN, HOTH & KLEBER (1975) ausreichend beschrieben oder geht wie die betreffende Mächtigkeit aus Abb. 3 hervor. Die Konglomerate der Mönchguter Schichten (0,5 bis 2% der Gesamtmächtigkeit) sind vor allem im Raum Mittelrügen—Mönchgut—Stahlbrode verbreitet, finden sich aber im Raum Prerow—Barth. Während des Stefan war das nordöstliche Küstengebiet der DDR eine quasi in gröberklastischen Rotsedimenten ertrinkende Landschaft. Rasche Mächtigkeitsveränderungen, Lücken und gekappte Profile sind daher nicht ungewöhnlich. Einzelnen kleineren Lücken darf daher keine regionale Bedeutung zugebilligt werden.

Schlußbemerkungen

Mit der Vorlage eines Standardprofils des Oberkarbons für das nordöstliche Küstengebiet der DDR ist die Möglichkeit gegeben, die stratigraphische und paläotektonische Entwicklung des Oberkarbons im Hauptteil des west- und mitteleuropäischen Oberkarbonbeckens detailliert zu vergleichen. Das eröffnet gewisse Möglichkeiten einer Beckenanalyse mindestens im zeitlichen Bereich von Teilstufen, z. T. sogar im Bereich von Faunenzonen. In den einzelnen Beckenbereichen sind unterschiedliche Sedimentationsraten belegt, was auf eine unterschiedliche Labilität der verglichenen Räume weist (vgl. Tabelle).

Wenngleich im ganz groben Trend eine Abnahme der Sedimentationsgeschwindigkeit v mit zunehmender Zeit festgestellt werden kann (vgl. HEDEMANN & TEICHMÜLLER 1971), liegen die Verhältnisse im einzelnen doch viel komplizierter. Sowohl in den Midlands als auch im nordöstlichen Küstengebiet der DDR werden die Sedimentationsraten von Nordrhein-Westfalen und Niedersachsen bei weitem nicht erreicht. Auffällig ist, daß in beiden Gebieten das Westfal A und Westfal C Subsidenzhöhepunkte sind. Auffällig ist auch die extrem geringe Sedimentationsrate im vorpommerschen CwB. Im Stefan ist v im nordöstlichen Küstengebiet der DDR größer als im Emsland, die Verhältnisse sind denen in der südlichen Nordsee (0,67 cm/100 Jahre) ähnlicher.

Eine generelle Zunahme des Sandsteingehaltes vom Liegenden zum Hangenden, wie sie teilweise in Nordwestdeutschland nachgewiesen ist, kann für das nordöstliche Küstengebiet der DDR nicht bestätigt werden. Die Grobklastitzufuhr wechselte mehrfach in der Zeit. Maxima waren das R1b bis R1c, das tiefe Westfal A, das tiefe Westfal D und die Mönchguter Schichten. Marine Einschaltungen nehmen vom Namur bis zum mittleren Westfal deutlich ab, von der *Phillipsi*-Zone an fehlen sie ganz. Von hier an herrschen terrestrisch-aride Bedingungen weitaus vor. Während der oberkarbonischen Entwicklung wanderte die Zone stärkster Absenkung aus südlichen Räumen bis in das Gebiet von Vorpommern. Lag die Zone stärkster Absenkung während des Namur noch in Nordbrandenburg, die des tiefen Westfal südlich von Trebel und Peene und die des höheren Westfal im Bereich von Peene und oberer Recknitz, so befand sich das Zentrum des Stefan-Troges im unmittelbaren Küstengebiet (Zingst—Greifswalder Bodden). Dabei ist nicht erkennbar, daß die Verbreitung des Stefans anderen tektonischen Leitlinien folgt, als die des Westfals. Der hiesige Stefantrog stellt die normale Fortentwicklung der oberkarbonischen Beckenentwicklung im Norden der DDR dar.

Tabelle

Teilstufe*)	Midlands		Nordrhein-Westfalen/ Niedersachsen/(Nordsee)		nordöstliches Küstengebiet der DDR	
	⌀ in m	v**)	⌀ in m	v	⌀ in m	v
Cs	—	—	260 (600)	0,3 (0,7)	450	0,5
CwD	450	1,5	700	2,3	400	1,3
CwC	700	2,3	850	2,8	600	2,0
CwB	500	1,7	800	2,7	200	0,7
CwA	600	2,0	900	3,0	500	1,7
CnC/CnB	600	1,0	2000	3,3	700	1,2
CnA	700	1,0	900	1,3	60	0,1

*) Dauer der Teilstufen nach MENNING 1989; Cs 9 Mill. Jahre, CwD bis CnB schematisch je 3 Mill. Jahre, CnA 7 Mill. Jahre
**) Sedimentationsrate nach der Setzung in cm/100 Jahre

Zusammenfassung

Mit der Vorlage eines Korrelationsprofils für das Oberkarbon im nordöstlichen Küstengebiet der DDR werden vor allem die stratigraphischen Belege für die einzelnen Teilstufen bzw. Faunenzonen besprochen. Die lithostratigraphische Entwicklung des Profils wird skizziert. Heute sind durch Fauna bzw. durch Makro- und Mikroflora belegt: Kinderscoutian, Marsdenian, Westfal A, B, C, D und indirekt auch Stefan. Die Gesamtmächtigkeit des Oberkarbons liegt im besprochenen Raum bei bisher maximal 2900 m. Während die tieferen Profilabschnitte in marinem bzw. paralischem Milieu gebildet wurden, setzten sich ab höherem Westfal C terrestrisch-aride Verhältnisse durch. Ab Westfal D sind erste Vorläufer des bedeutenden „Autun"vulkanismus den karbonischen Sedimentfolgen eingeschaltet. Auch die Äquivalente des basalen andesitischen Eruptionsstadiums des „Autun"vulkanitkomplexes gehören noch ins Stefan.

Резюме

На примере предложенного корреляционного разреза верхнего карбона северо-восточной прибрежной части ГДР особенное внимание уделяется стратиграфическим доказательствам выделения самостоятельных горизонтов и фаунистических зон. Дается краткий обзор литостратиграфического развития разреза. В настоящее время на основании фаунистических находок, макро- и микрофлоры доказано и наличие в разрезе следующих стратиграфических единиц: киндерскоутианского и марсденианского горизонтов, вестфаля А, В, С и Д и косвенно стефанского яруса. Общая доказанная мощность верхнего карбона составляет в исследуемом районе максимально 2900 м. В то время как для нижних частей разреза характерны морские и паралические условия осадконакопления, то уже с верхов вестфаля С начинают преобладать континентально-аридные условия. С вестфаля Д в каменноугольном разрезе появляются первые признаки проявления „отэнского" вулканизма. В свою очередь и эквиваленты базальной андезитовой эруптивной стадии „отэнского" вулканитового комплекса относятся еще к стефану.

Summary

By means of the submitted correlation profile of the Upper Carboniferous in the north-eastern coastal area of the GDR, above all, the stratigraphical proofs of the various partial stages and faunizones resp. are discussed.

Kinderscoutian, Marsdenian, Westphalian A, B, C, D and indirectly Stephanian, too, are faunally and microflorally evidenced. The total maximum thickness of the Upper Carboniferous is 2900 m.

Terrestrial-aride conditions prevail since the Upper Westphalian, whereas the deeper sections of the profile were formed in a marine or paralic environment. Since Westphalian D first indications of the significant "Autunian" volcanism are intercalated into Carboniferous sedimentary sequences. The equivalences of the basal andesitic eruptional stage of the "Autunian" volcanic complexes still belong to Stephanian.

Literatur

CALVER, M. A.: Die stratigraphische Verbreitung der nicht-marinen Muscheln in den penninischen Kohlenfeldern Englands. — Z. Dtsch. Geol. Ges., Hannover **107** (1956) S. 26—39

DABER, R.: Paläobotanische Hinweise auf eine paralisch beeinflußte Oberkarbon-Senke im tieferen Untergrund Nordostdeutschlands, II. — Geologie, Berlin **18** (1969) 3, S. 253—297

DÖRING, H.: Sporostratigraphische Untersuchungen im unteren Bereich des Siles („Graue Folge") aus dem Raum Nordhiddensee. – Z. geol. Wiss., Berlin **3** (1975) 7, S. 997–1015

DÖRING, H.; HOTH, K.; KAHLERT, E.: Gegenwärtiger Stand der litho- und sporostratigraphischen Gliederung des Zwickauer Siles. – Freib. Forsch.h. R. C 419, Leipzig (1988) S. 18–29

HEDEMANN, H. A.; FABIAN, H. J.; FIEBIG, H.; RABITZ, A.: Das Karbon in marin-paralischer Entwicklung. – C. R. 7. Congr. int. Stratigr. geol. Carbon., Krefeld 1 (1972) S. 29–47

HEDEMANN, H. A.; TEICHMÜLLER, R.: Die paläogeographische Entwicklung des Oberkarbons. – Fortschr. Geol. Rheinland Westfalen, Krefeld **19** (1971) S. 129 bis 141

HIRSCHMANN, G.; HOTH, K.; KLEBER, F.: Die lithostratigraphische Gliederung des Oberkarbons im Bereich der Inseln Rügen und Hiddensee. – Z. geol. Wiss., Berlin **3** (1975) 7, S. 985–996

HOFFMANN, N.; LINDERT, W.; WEYER, D.; ILLERS, K.-H.: Zum Unterkarbon-Vorkommen auf den Inseln Rügen und Hiddensee. – Z. geol. Wiss., Berlin **3** (1975) 7, S. 851–873

HOTH, K.: Kurze Übersicht über das Oberkarbon von NE-Mecklenburg. – Vortrag zum Rundtischgespräch der Ges. geol. Wiss. „Gesetzmäßigkeiten in der paläogeographischen und tektonischen Entwicklung des mitteleuropäischen Paläozoikums", Berlin, 22. 11. 1974

KAHLERT, E.: Namur-Floren aus dem Nordteil der DDR. – Huitième Congrès International de Stratigraphie et de Geólogie Carbonifère, C. R. Vol. 3. Moscow: Nauka 1979

KATZUNG, G.; FISCHER, U.; SIGENEGER, W.-D.; JOHN, K.-H.; SÜSSMUTH, S.; WARNCKE, D.: Die Saxongliederung im Zentralabschnitt der Mitteleuropäischen Senke. – Z. angew. Geol., Berlin **23** (1977) 11, S. 559–561

MENNING, M.: Synopsis of numerical time scales 1917–1986. – Episodes, Ottawa **12** (1989) 1, S. 3–5 (Schlußfolgerungen daraus)

PAPROTH, E.; TEICHMÜLLER, R.: Die paläogeographische Entwicklung der subvariszischen Saumsenke in Nordwestdeutschland im Laufe des Karbons. – 4. Congr. pour l'avanc et de stratigr. et de géol. du Carbonifère, C.R., Maastricht **II** (1961) S. 471–491

SCHMIDT, K.; FRANKE, D.: Zur lithologisch-faziellen Entwicklung des Präperms im Nordteil der DDR. – Z. angew. Geol., Berlin **23** (1977) 11, S. 541–548

SCOTT, A. C.: *Walchia*-like leaves from the British Westphalian B; a first record of conifers? – VIII. Int. Congr. Stratigr. Geol. Carbonif., Abstr. of Pap., Moscow (1975) S. 246–247

STILLE, H.: Die subvariszische Vortiefe. – Z. Dtsch. geol. Ges., Berlin **81** (1930) S. 339–354

Probleme der lithostratigraphischen Korrelation des Oberrotliegenden (Saxon) im Norden der DDR[1])

WOLFGANG LINDERT, Berlin; DIETER WARNCKE, Grimmen; MATHIAS STUMM, Berlin[1])

Einleitung

Die in den siebziger Jahren entwickelten und von KATZUNG, FISCHER u. a. (1977) publizierten Vorstellungen zur lithostratigraphischen Gliederung der bis zu 2000 m mächtigen Ablagerungen des Oberrotliegenden im Norden der DDR (= Saxon II im Sinne von KATZUNG 1972, 1975, 1982, 1988) konnten mit der Forcierung der Forschungs- und Sucharbeiten in der Etappe nach 1984 überprüft und präzisiert werden (Abb. 1).

Besonders in jüngerer Zeit fanden verstärkt auch lithogenetische Gliederungsprinzipien bei der Korrelation der Bohrprofile Anwendung. Im Ergebnis dieser auf Grundlage bohrlochgeophysikalischer Messungen, lithologischer Spezialaufnahmen des Kernmaterials sowie Vergleichen mit Gliederungen in den niedersächsischen Erdgas-Lagerstätten (DRONG, PLEIN u. a. 1982; PHILIPP & REINICKE 1982; HEDEMANN, MASCHEK u. a. 1984; GRALLA 1988) durchgeführten Revisions- und Neubearbeitungen wurde eine praxisorientierte „Arbeitsstratigraphie" entworfen. Sie berücksichtigt konzeptionell zwei Säulen der Korrelation (Tabelle):

1. Die aus der Zyklizität der Schichtfolgen abgeleitete lithostratigraphische Gliederung in quasiisochrone Folgen, Schichten und Zyklen entsprechend der DDR-Standardgliederung (KATZUNG, FISCHER u. a. 1977; Fachbereichstandard 1980).

Tabelle. Gliederungsprinzip des Oberrotliegenden (Saxon) im Norden der DDR

Lithostratigraphie				Lithogenetische Gliederung	
OBERROTLIEGENDES (SAXON II)	Elbe – Folge	Mellin-Schichten 0 – 200m	Z.17	Elbe-Wechselfolge	Elbe – Folge
			Z.16		
		Peckensen-Schichten 0 – 300m	Z.15		
			Z.13-14		
			Z.9-12		
		Eldena-Schichten 0 – 250m	Z.7-8	Elbe - Basissandstein	
			Z.1-6		
		Rambow-Schichten 0 – 300m		"Hauptsandstein"	
	Havel – Folge	Mirow-Schichten 0 – 600m		Mirow - Wechselfolge	Havel – Folge
				Mirow - Sandsteinfolge	
		Parchim-Schichten 0 – 600m		Parchim - Wechselfolge	
				Parchim-Sandsteinfolge	
				Parchim-Konglomeratfolge	

Eingang des Manuskripts in der Redaktion: 22. 2. 1990

[1]) Vortrag anläßlich der Tagung des AK Erdöl-Erdgas der GGW am 15. 9. 1989 in Magdeburg (unter Mitarbeit von Lothar Behrendt, Berlin)

2. Eine auf lithogenetisch-paläogeographischen Analysen basierende diachrone Untergliederung dieser Einheiten in alluviale tonig-siltig-sandige Wechselfolgen (mit Subtypen halitisch und pelitisch), äolische bzw. fluviatile Sandsteinfolgen sowie fluviatile bzw. deluviale Konglomeratfolgen.

Die in neuerer Zeit vorgelegten biostratigraphischen Untersuchungsergebnisse gestatten nach HOFFMANN, KAMPS & SCHNEIDER (1989) eine Untergliederung der in lokalen Senken entwickelten älteren Rotliegend-Sedimente (Präparchim-Schichten). Neu ist insbesondere, daß in diesen bisher zum Autun (Unterrotliegendes) gestellten älteren Serien auch faunistische Belege für älteres Oberrotliegendes (Oberrotliegendes I syn. Saxon I) gefunden wurden. Für das im folgenden zu betrachtende jüngere Oberrotliegende (Oberrotliegendes II syn. Saxon II nach KATZUNG 1972) zeichnen sich demgegenüber noch keine biostratigraphischen Gliederungsmöglichkeiten ab.

Auf Grund der starken lithofaziellen Differenziertheit des Sedimentationsraumes gibt es bei der Korrelation zwischen den einzelnen Faziesprovinzen, aber auch in der Zuordnung einzelner Schichtkomplexe innerhalb eines Gebietes teilweise noch offene Probleme. Dies soll anhand von zwei Faziesschnitten (Nord–Süd, West–Ost) durch das Rotliegendbecken (Abb. 6, 7) sowie drei Faziesschemata (Abb. 2–4) demonstriert werden.

Korrelation Elbe-Folge

Die bis zu 1100 m mächtigen Ablagerungen der Elbe-Folge (Abb. 2) lassen sich in vier lithostratigraphisch definierte Schichten (Mesozyklen vom Sohlbanktyp nach KATZUNG, FISCHER u. a. 1977) untergliedern. Ausgehend von der durch ELLENBERG (ELLENBERG, FALK & LÜTZNER 1989) Ende der sechziger Jahre im Gebiet der Altmark zuerst beobachteten Zyklizität ist eine weitere Unterteilung der Eldena- bis Mellin-Schichten in Zyklen möglich (Abb. 5). In den pelitischen Hangendbereichen der fluviatil gesteuerten Zyklen treten geringmächtige Sabhka-Sedimente auf (pelitisch-karbonatisch-anhydritische Horizonte), die den Charakter von sedimentologischen Leithorizonten besitzen (Grundbezeichnungen a–j; BEHRENDT 1990). In den beckenzentralen Räumen werden diese Leithorizonte häufig durch Halit-Bänke vertreten. Auf Grund ihrer regionalen Verbreitung bilden die Leithorizonte das Rückgrad der lithostratigraphischen Feingliederung der Elbe-Folge. Nachteilig ist, daß die Leithorizonte nur in gekernten Profilabschnitten sicher nachweisbar sind, d. h. eine Erkennung in den Bohrlochmeßkurven kaum möglich ist.

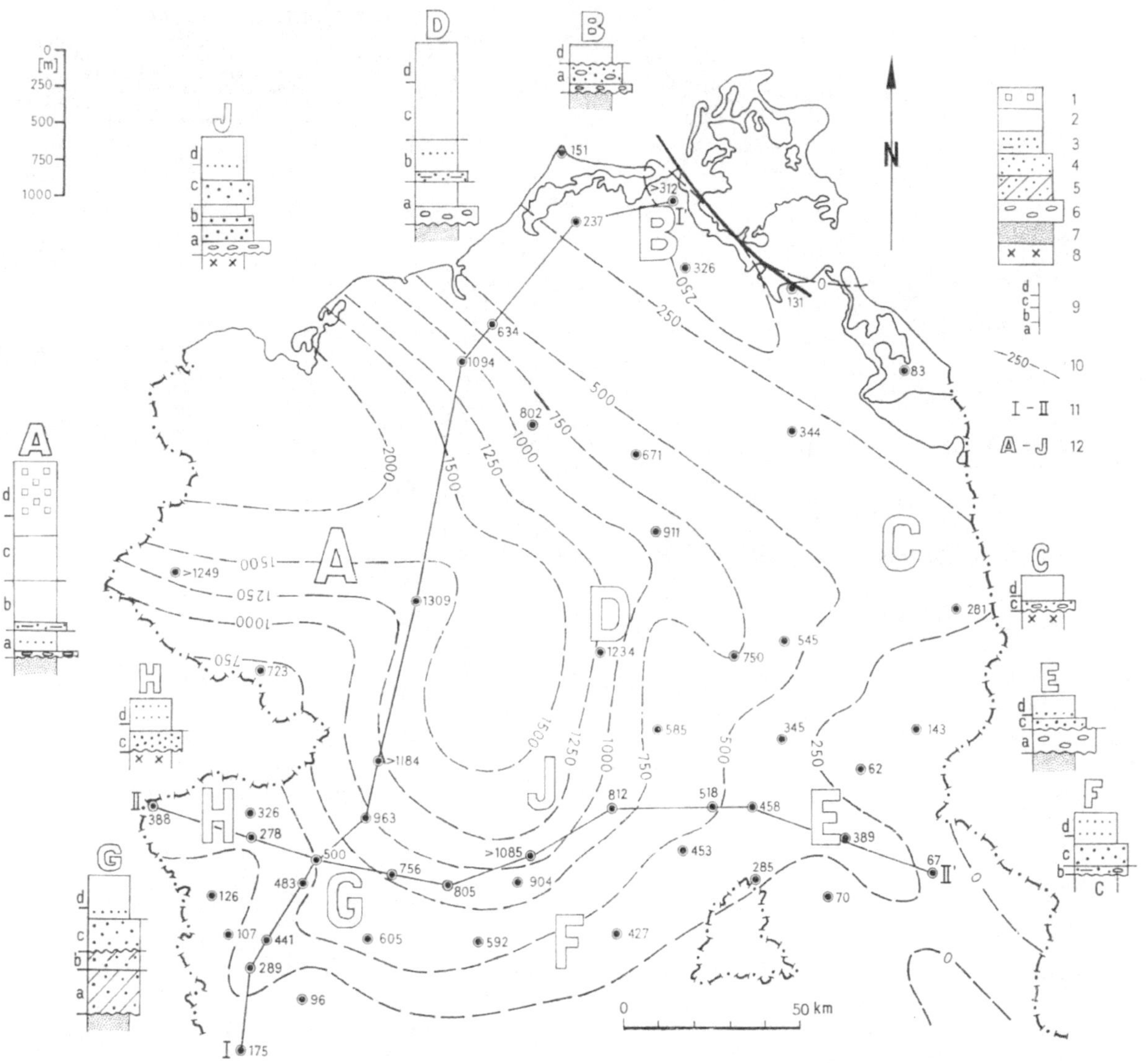

Abb. 1. Mächtigkeitsschema des Oberrotliegenden

1 – Salinarfazies; 2 – pelitische Wechselfolge; 3 – sandige Wechselfolge; 4 – Sandsteinfolge, fluviatil; 5 – Sandsteinfolge, äolisch; 6 – Konglomeratfolge; 7 – ältere Rotliegend-Sedimente; 8 – Vulkanite; 9 – a) Parchim-Schichten, b) Mirow-Schichten, c) Rambow- und Eldena-Schichten, d) Peckensen- und Mellin-Schichten; 10 – Isopachen (in m); 11 – Verlauf der Faziesschnitte (Abb. 6 u. 7); 12 – Typusprofile

Nach lithofaziellen Merkmalen ist analog zu den Verhältnissen in NW-Deutschland (GRALLA 1988) eine Rayonierung des Ablagerungsraumes der Elbe-Folge in drei Hauptfazieszonen — Salinarfazies, alluviale Wechselfolgenfazies, fluviatile Randfazies — möglich. Diese Rayonierung läßt sich generell in allen Schichtgliedern der Elbe-Folge beobachten. Dabei zeichnen sich graduelle Unterschiede in Mächtigkeiten und regionaler Verbreitung der Fazieszonen in den einzelnen Schichten ab, die sich aus der expansiven Tendenz der Beckenentwicklung und den Veränderungen des Sedimentationsregimes vom Liegenden zum Hangenden ableiten: In der tieferen Elbe-Folge (Rambow- und Eldena-Schichten) dominieren sandige Randfaziestypen, in der höheren Elbe-Folge (Peckensen- und Mellin-Schichten) herrschen Wechselfolgen- und Salinarfaziestypen vor. Generell ist festzustellen, daß an den Beckenrändern zunehmend jüngere Schichten der Elbe-Folge über ältere Gesteinskomplexe hinweggreifen und die Fazieszonen sich in den einzelnen Schichten in Richtung Beckenrand ausdehnen. Dementsprechend kann ein Faziesschema für die Elbe-Folge insgesamt nur synoptischen Charakter besitzen und zur Ableitung von Faziesprovinzen dienen. Gemäß der paläogeographischen Grundsituation konzentrieren sich die sandigen Randfaziesentwicklungen auf den S- und E-Rand des Beckens. Im Beckenzentrum sowie am N-Rand sind Wechselfolgen- und Salinarfazies dominant. Diese Verhältnisse werden in zwei Faziesschnitten durch das Becken (Abb. 6 und 7) deutlich:

Im Raum der Altmark (ebenso wie im östlich angrenzenden Gebiet) ist eine lithofazielle Untergliederung der Elbe-Folge, analog zum östlichen Niedersachsen (HEDEMANN, MASCHEK u. a. 1984) in einen bis zu 200 m mächtigen Elbe-Basissandstein mit gebietsweiser Konglomeratführung und eine hangende, zyklisch stark gegliederte sandig-siltig-tonige Elbe-Wechselfolge mit einzelnen markanten Sandsteineinschüben möglich. Der vorzugsweise fluviatile Elbe-Basissandstein entspricht in diesem Gebiet in etwa dem Zeitintervall der Rambow- und tieferen Eldena-Schichten und wird in dieser Position als „Hauptsandstein" bezeichnet. Im Bereich permanenter fluviatiler Zufuhrkanäle (z. B. Beber-Senke) ist ein kontinuierlicher Anstieg der Grenze zwischen Basissandstein und Wechselfolge in jüngere stratigraphische Niveaus festzustellen (Abb. 6). In Richtung auf das Beckenzentrum zeigt sich gegenläufige Tendenz. Der „Hauptsandstein" löst sich allmählich auf und wird faziell von Wechselfolgensedimenten

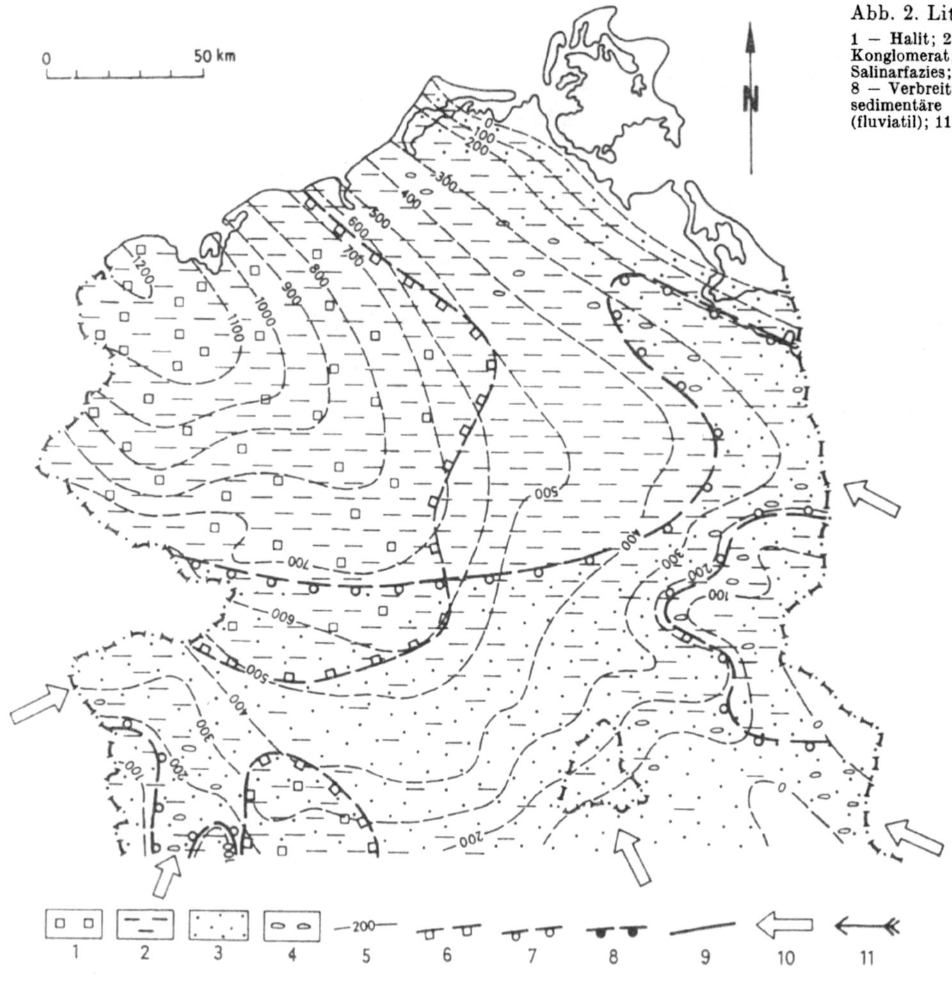

Abb. 2. Lithofaziesschema der Elbe-Folge

1 – Halit; 2 – Ton- und Siltstein; 3 – Sandstein; 4 – Konglomerat; 5 – Isopachen (in m); 6 – Verbreitung der Salinarfazies; 7 – Verbreitung des Elbe-Basissandsteins; 8 – Verbreitung des Büste-Sandsteins (äolisch); 9 – synsedimentäre Störung; 10 – Haupttransportrichtung (fluviatil); 11 – vorherrschende Paläowindrichtung

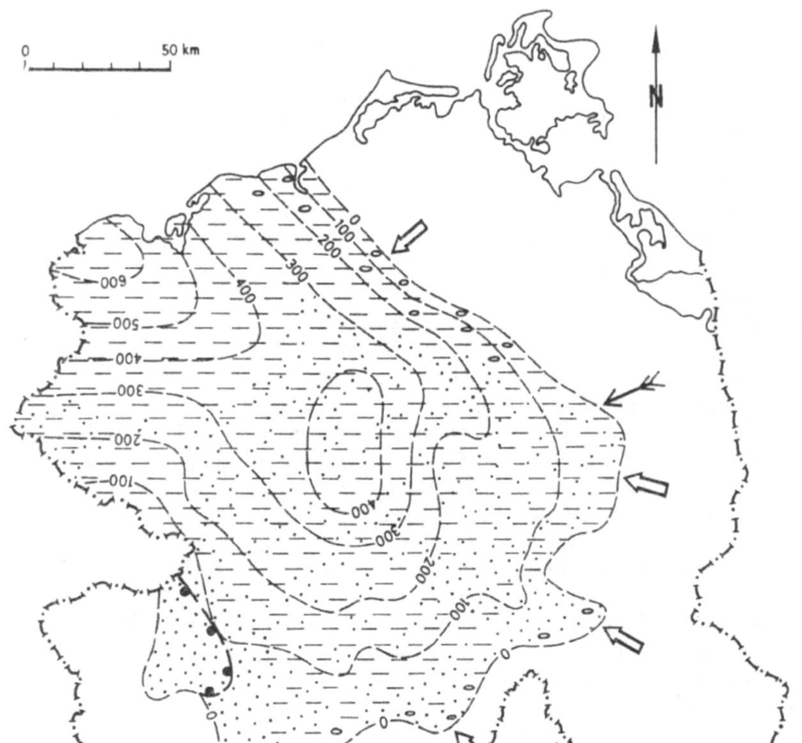

Abb. 3. Lithofaziesschema der jüngeren Havel-Folge (Mirow-Schichten)
Legende wie Abb. 2

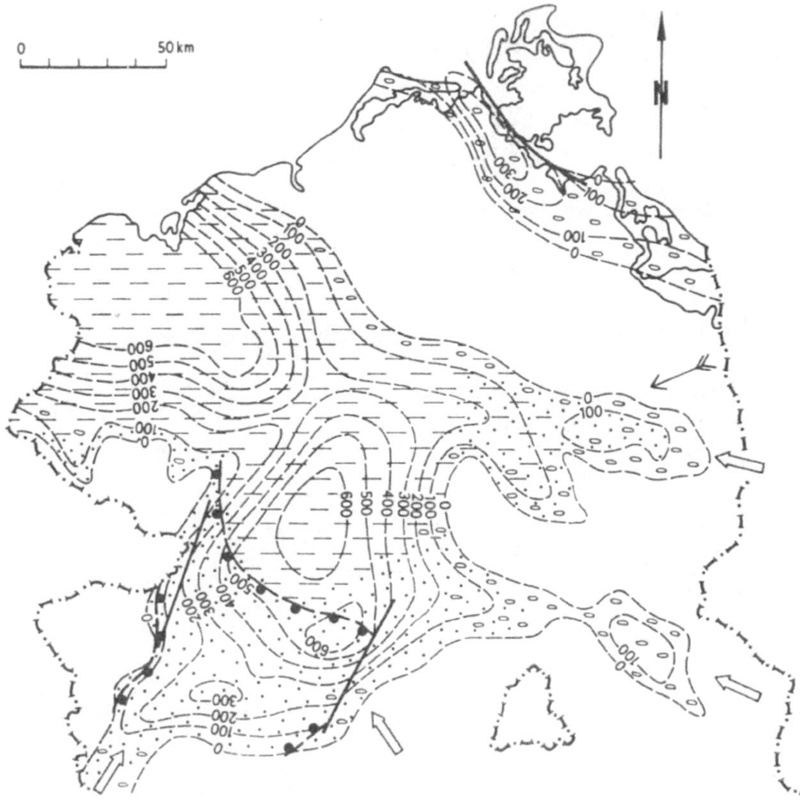

Abb. 4. Lithofaziesschema der älteren Havel-Folge (Parchim-Schichten)
Legende wie Abb. 2

vertreten. Bereits in der Havel-Müritz-Senke entspricht er nur dem Intervall der tieferen Rambow-Schichten. In den beckenzentralen Räumen fehlen sowohl die Fazies des „Hauptsandsteins" als auch die Sandsteine innerhalb der Elbe-Wechselfolge. Das Profil wird ausschließlich von siltig-tonigen, in nordwestlicher Richtung zunehmend halitisch geprägten Sedimenten aufgebaut. Auch am Beckennordrand sowie auf Schwellenzonen Ostbrandenburgs dominiert die Wechselfolgenfazies. Die Basis der Elbe-Folge wird hier gebietsweise durch meter- bis dekametermächtige grobklastische fluviatile Schwemmfächersedimente (Äquivalente des Basissandsteins) unterschiedlichen Alters markiert. In der Altmark, wo der „Hauptsandstein" auch vereinzelt äolische Einschübe aufweist, finden sich an der Elbe-Basis dagegen nur sehr geringmächtige Konglomerate (Mächtigkeit kleiner 3 m) bzw. geröllführende Sandsteine.

Während die Abgrenzung der diachronen lithogenetischen Komplexe in den Bohrprofilen relativ unproblematisch ist, sind die Grenzen der quasiisochronen lithostratigraphischen Einheiten (Schichten und Zyklen) differenziert zu bewerten:

- In der Wechselfolgenfazies der Mellin- und Peckensen-Schichten ist auf Grund der Leithorizont- bzw. Halitbankführung in der Regel eine verläßliche Korrelation möglich. In den Randprovinzen werden zur Gliederung auch die markanten Sandsteinbänke an der Basis der Zyklen 16, 15, 13 und 9 genutzt.
- In der Wechselfolgenfazies der Eldena- und Rambow-Schichten wird auf Grund des abnehmenden Leithorizontangebotes sowie fehlender Halitbänke die Festlegung der Grenzen zunehmend problematischer. Relativ gut faßbar ist im Gesamtraum nur der Zyklus 8 sowie in den Randprovinzen die Basis des Zyklus 7. Für die Abgrenzung der Eldena- von den Rambow-Schichten gibt es nur noch in den beckenzentralen Räumen einzelne Leithorizontbelege.
- In der „Hauptsandsteinfazies" ist die Abgrenzung von Eldena- und Rambow-Schichten lithologisch gleichfalls nicht signifikant. Bislang ist kein Aufschluß bekannt, in dem eine Dreiteilung des „Hauptsandsteins" (Eldena-Sandstein, Rambow-Wechselfolge, Rambow-Sandstein) nachgewiesen wurde und somit eine sichere Abgrenzung beider Schichten möglich gewesen wäre.
Auch die im Profil gelegentlich auftretenden Konglomeratlagen lassen keine Horizontbeständigkeit erkennen und können für diese Zwecke nicht genutzt werden. Die Abgrenzung beider Einheiten erfolgt daher vorzugsweise nach Vorstellungen über die Mächtigkeitsentwicklungen und ist demzufolge unsicher.
- Ähnliche lithostratigraphische Zuordnungsprobleme bestehen auch in Randprovinzen, wo die Wechselfolge fehlt und geringmächtige sandig-konglomeratische Bildungen das Oberrotliegendprofil bestimmen (z. B. Südostbrandenburg). Unscharf sind auch die Schicht- und Zyklengrenzen im Elbe-Basissandstein solcher Gebiete, die als permanente fluviatile Zufuhrkanäle gewirkt haben (z. B. Beber-Senke).
- Die Basis der Elbe-Folge ist im Verbreitungsgebiet des „Hauptsandsteins" sowie an den Beckenrändern eindeutig festzulegen. Im Beckenzentrum, wo der sandige Fuß fehlt und ausschließlich pelitische Lithotypen entwickelt sind, ist ihre Festlegung jedoch sehr schwierig, da die unterlagernden Mirow-Schichten gleichfalls in Wechselfolgenfazies entwickelt sind.

Korrelation jüngere Havel-Folge (Mirow-Schichten)

In den mehr als 1000 m mächtigen Ablagerungen der Havel-Folge fehlen korrelierbare sedimentologische Leithorizonte analog zu denen der Elbe-Folge. Es sind jedoch einige Vorläufer bekannt (BEHRENDT 1990). Die Gliederung muß daher vorrangig nach lithofaziellen und lithogenetischen Kriterien erfolgen. Die im regionalen

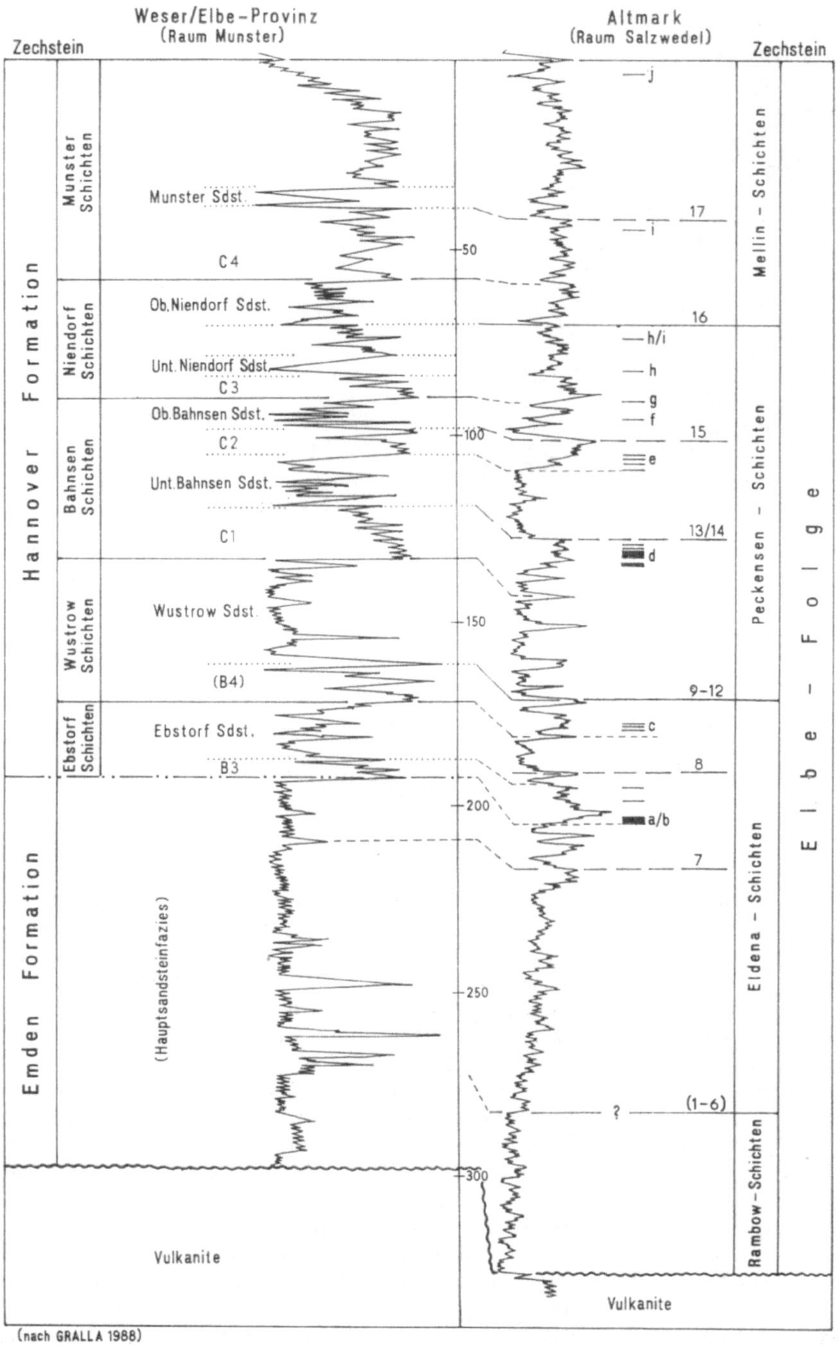

Abb. 5. Korrelation des Oberrotliegenden

B3–C4 – Salinare; a–j – sedimentologische Leithorizonte; 1–17 – Sedimentationszyklen

Bild faziell stark variierenden Profile werden bisher in zwei lithostratigraphische Einheiten unterteilt: Mirow-Schichten und Parchim-Schichten.

Profilaufbau und Fazieszonierung der bis 600 m mächtigen Mirow-Schichten (Abb. 3) zeigen deutliche Analogien zur Elbe-Folge. Es handelt sich um einen fluviatil geprägten Mesozyklus mit in der Regel sandiger bzw. sandig-konglomeratischer Basis (Mirow-Sandstein) und (sandig-) siltig-toniger Wechselfolge im Hangenden (Mirow-Wechselfolge). Die fluviatilen Schüttungen erfolgten vorzugsweise aus südlichen bis südwestlichen Richtungen. Konglomeratische Basisbildungen (fluviatile Schwemmfächer) sind besonders an den Beckenrändern im Süden und Osten entwickelt. Eine lithogenetische Sonderstellung besitzen die an der Beckennordflanke verbreiteten und bis 40 m mächtigen Basis-Konglomerate (fluviatil überprägte Schuttstromablagerungen). Das Verbreitungsgebiet der Mirow-Schichten ist gegenüber der Elbe-Folge deutlich eingeengt. Es beschränkt sich auf das Beckenzentrum (Liegendes: Parchim-Schichten) sowie die unmittelbar angrenzenden Schwellenzonen in Südwestmecklenburg und Ostbrandenburg (Liegendes: Präparchim-Schichten/Vulkanite/Präperm).

Die für die Randentwicklung charakteristische Fazies des bis zu 100 m mächtigen Mirow-Sandsteins verschwindet in Richtung Beckenzentrum und wird dort faziell von pelitischen Wechselfolgesedimenten vertreten (Abb. 6). Entsprechend der geringeren Beckenausdehnung im Vergleich zur Elbe-Folge reicht die sandige Fazies jedoch wesentlich weiter in das Becken hinein als vergleichbare jüngere Horizonte (z. B. „Hauptsandstein").

Die Mirow-Schichten sind in der Regel gut abgrenzbar. Korrelationsprobleme ergeben sich nur, wenn keine gravierenden lithologischen bzw. lithogenetischen Wechsel an den Grenzflächen zu verzeichnen sind. Das betrifft insbe-

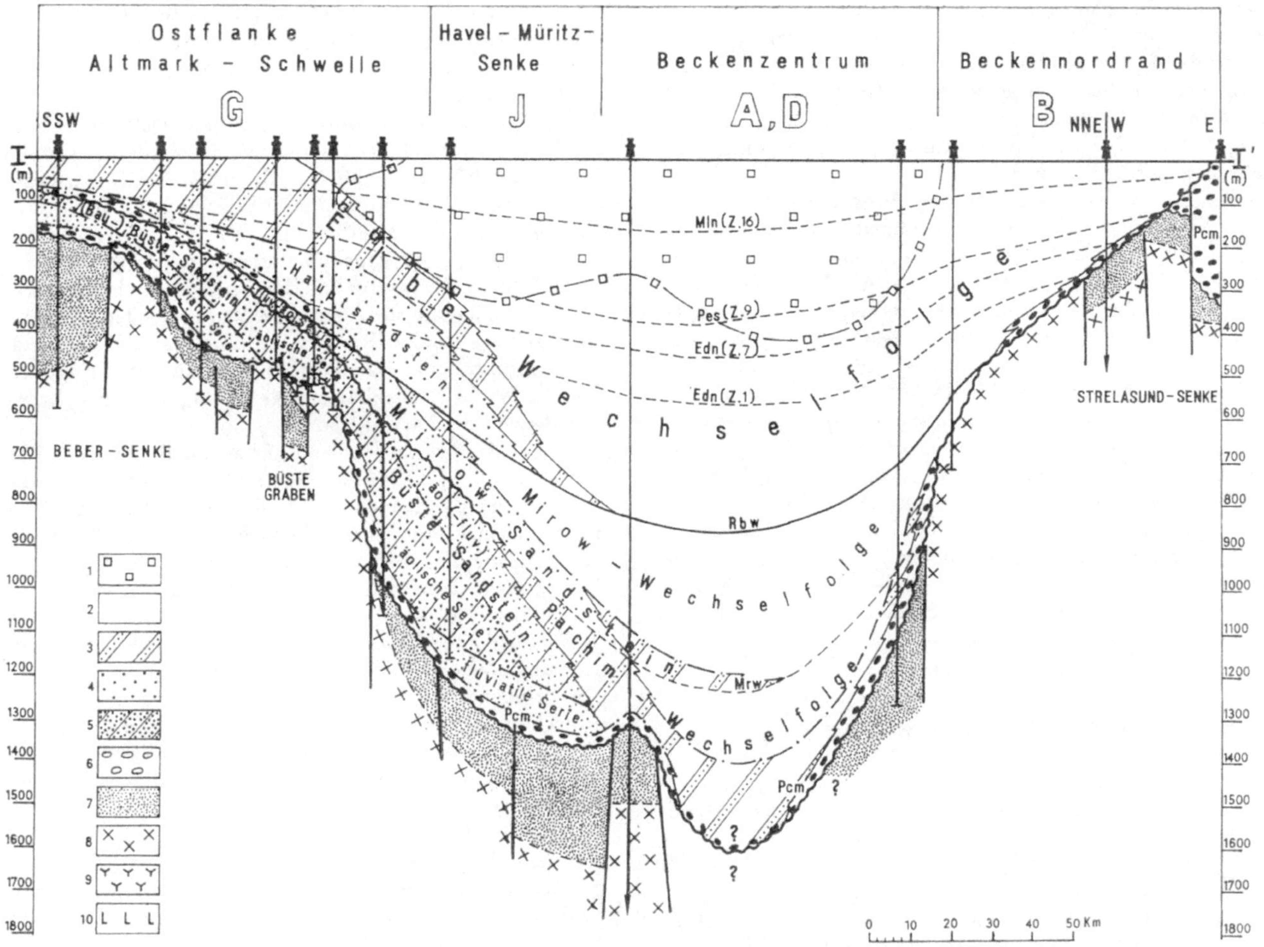

Abb. 6. Faziesschnitt Nord–Süd

1 – Salinarfazies; 2 – pelitische Wechselfolge; 3 – sandige Wechselfolge; 4 – Sandsteinfolge, fluviatil; 5 – Sandsteinfolge, äolisch; 6 – Konglomeratfolge; 7 – ältere Rotliegend-Sedimente (Präparchim-Schichten); 8 – Rhyolithoide; 9 – Andesitoide; 10 – Basaltoide; Mln – Mellin-Schichten; Pes – Peckensen-Schichten; Edn – Eldena-Schichten; Rbw – Rambow-Schichten

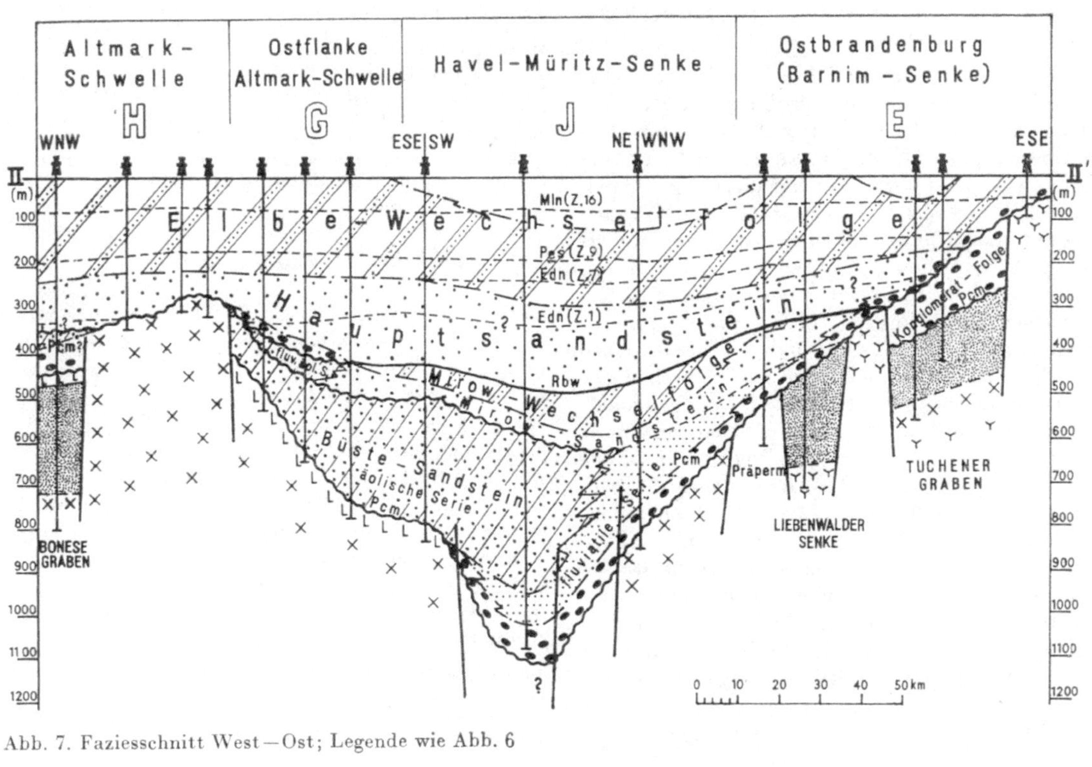

Abb. 7. Faziesschnitt West–Ost; Legende wie Abb. 6

sondere die Hangendgrenze in der Wechselfolgenfazies des Beckenzentrums (teilweise auch die Liegendgrenze) sowie die Basis in der fluviatilen Sandsteinfazies der östlichen Havel-Müritz-Senke (Abb. 7). Gegen den „Hauptsandstein" ist meist eine gute Abgrenzung möglich, da in seinem Verbreitungsgebiet der höhere Teil der Mirow-Schichten zumeist in Wechselfolgenfazies vorliegt.
Eine fazielle Sonderentwicklung der Mirow-Schichten findet sich in der östlichen Altmark. Es handelt sich um eine bis 50 m mächtige fluviatil (-äolische) Sandsteinserie, innerhalb deren sich die äolischen Anteile auf die oberen Profilabschnitte konzentrieren. An der Grenze zum überlagernden „Hauptsandstein" der Elbe-Folge sind sehr deutliche Hinweise für eine intraformationelle Schichtlücke vorhanden. Sie entsprechen den Indikationen, die DRONG, PLEIN u. a. (1982) von der Grenze Slochteren-Hauptsandstein/Schneverdinger Sandstein mitteilten. An der Liegendgrenze (zum äolischen „Büstesandstein" der Parchim-Schichten) sind gleichfalls Anzeichen für einen (geringen) Hiatus zu registrieren. Die lithostratigraphische Zuordnung dieser fluviatil (-äolischen) Sandsteinserie zu den Mirow-Schichten ergibt sich aus den deutlichen Grenzflächengefügen und den korrelativen Zusammenhängen mit den rein fluviatilen Profilen der Havel-Müritz-Senke.

Korrelation ältere Havel-Folge (Parchim-Schichten)

Ablagerungen der bereichsweise mehr als 600 m mächtigen Parchim-Schichten konzentrieren sich auf die beckenzentralen Gebiete sowie angrenzende Senkenzonen (Abb. 4). Daneben gibt es isolierte Vorkommen in grabenartigen Depressionen außerhalb des Hauptverbreitungsgebietes (z. B. Strelasund-Senke).
Charakteristikum der Profilentwicklung ist eine störungskontrollierte starke fazielle Differenziertheit, die die Korrelation zwischen den Teilgebieten z. T. sehr schwierig gestaltet. Die Vielfalt der lithogenetischen Komplexe, geophysikalisch abgeleitete Mächtigkeitsanomalien sowie magnetostratigraphische Ergebnisse (Illawarra Reversal — MENNING, KATZUNG & LÜTZNER 1988) lassen vermuten, daß in der älteren Havel-Folge möglicherweise mehrere lithostratigraphische Einheiten vertreten sind. Eine Abgrenzung ist z. Z. aber noch nicht möglich.

Vier Hauptprofiltypen mit korrelativen Zusammenhängen können unterschieden werden:

— Für die E-Flanke der Altmark-Schwelle und den W-Teil der Havel-Müritz-Senke ist der Profiltyp „Büstesandstein" charakteristisch. Er wird als zeitliches Äquivalent des Flechtinger Bausandsteins (SCHREIBER 1960; ELLENBERG, FALK u. a. 1976) bzw. des Schneverdinger Sandsteins (DRONG, PLEIN u. a. 1982) betrachtet. Bei Maximalmächtigkeiten von mehr als 500 m baut er sich vorzugsweise aus äolischen Sedimenten mit gelegentlichen fluviatilen Einschüben auf. Entsprechend der starken paläomorphologischen Gliederung des Untergrundes variieren Mächtigkeiten und Profilaufbau besonders in der östlichen Altmark z. T. engräumig: Während auf Schwellen die äolische Serie unmittelbar dem effusiven Rotliegenden auflagert, ist in Senkenzonen unterhalb der äolischen Serie noch eine fluviatile Sandsteinserie und/oder eine basale Konglomeratfolge entwickelt. Innerhalb dieser Konglomeratfolgen ist zu unterscheiden zwischen echten fluviatilen Basisbildungen der Parchim-Schichten und mächtigeren (z. T. mehr als 100 m), besonders im Bereich stärkerer paläomorphologischer Gradienten (Flankenzonen, Gräben) auftretenden fluviatil überprägten fanglomeratischen Schuttfächersedimenten (z. B. Büste-Graben, Bonese-Graben). Die stratigraphische Stellung letzterer, die bereichsweise mit Basaltoiden verknüpft sind, ist noch nicht geklärt (tiefste Havel-Folge oder Oberrotliegendes I). Es könnte sich um zeitliche Äquivalente des Schneverdinger Fanglomerats (HEDEMANN, MASCHEK u. a. 1984) bzw. der Erxlebener Schichten (ELLENBERG, FALK u. a. 1976) handeln.
— Im E-Teil der Havel-Müritz-Senke und Ostbrandenburg wird das Profil bestimmt durch fluviatile Sandstein/Konglomeratfolgen (Abb. 7), die nach Nordwesten hin von Wechselfolgensedimenten überlagert werden. Nach der regionalen Faziesverteilung (Abb. 4) sind diese fluviatilen Bildungen das Ergebnis von Materialtransporten aus südöstlichen Richtungen (Barnim-Senke, Uckermark-Senke). Außerhalb des Verbreitungsgebietes der Parchim-Wechselfolge ist die Grenze zum hangenden Mirow-Sandstein nur schwer faßbar. Die Liegendgrenze ist demgegenüber durch die flächenhafte Entwicklung mächtiger Basiskonglomerate scharf fixiert.
— Aus dem Beckenzentrum sind bisher nur Profile vom Typ Wechselfolge mit Basiskonglomerat bekannt, wobei die Verbreitung der Konglomerate den Verlauf des Beckenrandes nachzeichnet. Eine fluviatile Sandsteinfolge fehlt. Die pelitorientierte Wechselfolge sowie die Konglomeratfolge werden als zeitliches Äquivalent des äolischen „Büstesandsteins" der östlichen Altmark angesehen. Korrelative Zusammenhänge bestehen zu den fluviatilen Sandstein/Konglomeratfolgen Ostbrandenburgs und der Havel-Müritz-Senke.
— In isolierten grabenartigen Senkungszonen am E- und N-Rand des Beckens (Tuchener Graben, Strelasund-Senke) wird die ältere Havel-Folge ausschließlich vom Profiltyp Konglomeratfolge vertreten (z. T. mehr als 100 m mächtig). Über sie hinweg greifen diskordant zum Rand hin zunehmend jüngere Schichten der Elbe-Folge. Die stratigraphische Zuordnung dieser Sedimente zu den Parchim-Schichten erfolgt vorzugsweise nach stofflichen und texturellen Kriterien (WEGENER 1972)[2].

In Teilen des Beckenzentrums folgen unter dem Parchim-Konglomerat mit scharfer Grenze (Schichtlücke) vorzugsweise feinklastische ältere Rotliegend-Sedimente (Präparchim-Schichten). Vergleichbare Folgen wurden auch in einigen Bohrungen in der Altmark, Ostbrandenburg sowie in Vorpommern nachgewiesen. Bisher wurden diese bis nahezu 500 m mächtigen Bildungen dem Unterrotliegenden (Autun) zugeordnet, jedoch belegen in drei Bohrungen gefundene Conchostraken-Assoziationen auch die Möglichkeit einer Einstufung in das Oberrotliegende (Oberrotliegendes I — Müritz-Folge nach HOFFMANN, KAMPS & SCHNEIDER 1989). Andererseits gibt es punktuelle biostratigraphische Belege für ein echtes Unterrotliegendes (Grüneberg-Schichten nach HOFMMANN, KAMPS & SCHNEIDER 1989). Die bisher vorgenommene pauschale Zuordnung dieser lithologisch sehr heterogenen, häufig auch gröberklastischen Schichtenfolgen in das Unterrotliegende ist also revisionsbedürftig.

Zur Problematik der Schichtlücken

Generell ist festzustellen, daß das Oberrotliegende im Sinne der hier diskutierten Gliederung (Parchim- bis Mellin-Schichten) im Norden der DDR gebietsweise unterschiedlich alten Gesteinsfolgen mit Schichtlücke auflagert. Es handelt sich vorzugsweise um diverse Typen von Rotliegend-Vulkaniten, lokal auch um ältere Rotliegend-Sedimente (in Senkungsstrukturen) bzw. um Präperm (Hochlagen).
Die Lücke ist besonders an den Beckenrändern signifikant, wo zunehmend jüngere Schichten des Oberrotliegenden expansiv über den Untergrund hinweggreifen, sie läßt sich aber zweifelsfrei auch in den beckenzentralen Profilen an der Basis der Parchim-Schichten belegen. Der Hiatus wird im größten Teil des Ablagerungsraumes durch basale Konglomeratphasen nachgezeichnet und besitzt offensichtlich tek-

[2]) Die Rotsedimente der Mittelrügen-Senke (KATZUNG 1975) werden dem kontinentalen Oberperm zugeordnet (WARNCKE & LINDERT 1989).

tonische Ursachen (Altmark-I-Bewegungen nach HOFFMANN, KAMPS & SCHNEIDER 1989).

Neben dieser regional verfolgbaren Schichtlücke an der Basis des Oberrotliegenden gibt es zonal Indikationen für intraformationelle Lücken im Profil:

1. im Bereich der isolierten grabenartigen Senkungszonen am E- und N-Rand des Beckens (Tuchener Graben, Strelasund-Senke) zwischen Parchim-Konglomeratfolge und expansiv übergreifenden Schichten der Elbe-Folge;
2. in der östlichen Altmark zwischen „Hauptsandstein" der Elbe-Folge und dem in fluviatil-äolischer Fazies entwickelten Mirow-Sandstein (sehr deutlicher Hiatus) sowie an der Basis des Mirow-Sandsteins gegen den vorzugsweise äolisch entwickelten „Büstesandstein" der Parchim-Schichten (schwacher Hiatus);
3. in der südlichen Altmark (Beber-Senke) zwischen „Hauptsandstein" bzw. Schichten der jüngeren Elbe-Folge und „Büstesandstein"; im Raum Flechtingen liegen Eislebener Schichten (jüngere Elbe-Folge) diskordant über dem Bausandstein (Havel-Folge).

Die phänomenologische Auswertung zeigt, daß die intraformationellen Schichtlücken an die Hangendbereiche fazieller Sonderentwicklungen der Havel-Folge in den Randfaziesprovinzen gebunden sind (äolische Sandstein-Komplexe, fanglomeratische Schuttfächersedimente) und somit sedimentologisch erklärt werden können. Zu ihrer Genese sind nicht zwingend tektonische Impulse erforderlich, wie sie HOFFMANN, KAMPS & SCHNEIDER (1989) postulieren. Im Verbreitungsgebiet der aquatischen Fazies der Havel-Folge fehlen, ebenso wie in der Elbe-Folge, echte Beweise für Lücken im Profil. Regional verbreitete, horizontbeständige Konglomeratlagen, die als Schichtlücken-Indikationen dienen könnten, gibt es weder im Beckenzentrum noch in den fluviatilen Randprovinzen. Das gilt auch für die Basis des Zyklus 7 in den höheren Eldena-Schichten, eine Grenze, die nach HOFFMANN, KAMPS & SCHNEIDER (1989) tektonostratigraphische Bedeutung haben soll (Altmark-III-Impuls). Verbreitung und Mächtigkeit der gröberklastischen Basisbildungen in den einzelnen stratigraphischen Einheiten variieren z. T. sehr beträchtlich. Kontrollierende Faktoren sind die Stärke des jeweiligen fluviatilen Impulses, wechselnde Strömungsverhältnisse im fluviatilen Milieu sowie die sich im Laufe der Zeit durch kontinuierliche Absenkung verändernde Beckenkonfiguration und die damit zusammenhängende Verlagerung der Fazieszonen in Richtung Beckenrand. Aus letzterem resultiert, daß die Randfaziesbildungen der älteren stratigrahischen Einheiten generell größere regionale Verbreitung besitzen als die der jüngeren.

Zusammenfassung

Anhand von zwei Faziesschnitten durch das Oberrotliegend-Becken im Norden der DDR und drei Faziesschemata werden die lithostratigraphischen und lithogenetischen Korrelationsmöglichkeiten und -probleme für die Elbe-Folge, die jüngere Havel-Folge (Mirow-Schichten) und die ältere Havel-Folge (Parchim-Schichten) diskutiert. Insgesamt wird festgestellt, daß durch kombinierte Anwendung lithostratigraphischer und lithogenetischer Gliederungsprinzipien die Voraussetzungen für die Herausarbeitung gebietsspezifischer Feingliederungen und lagerstättenkundlicher Einschätzungen verbessert werden. Die räumlich-zeitliche Faziesentwicklung, beginnend mit den Parchim-Schichten, spricht insgesamt für eine mehr oder minder kontinuierliche Absenkung des Sedimentationsraumes. Die zonal vorhandenen intraformationellen Schichtlücken sind sedimentologisch erklärbar und erfordern nicht zwingend die Annahme tektonischer Impulse.

Резюме

На основании двух фациальных профилей через бассейн верхнего ротлигендеса на севере ГДР и трех фациальных схем рассматриваются возможности и проблемы литостратиграфической и литогенетической корреляции эльбской серии, верхней части хафельской серии (мировские слои) и нижней части хафельской серии (пархимские слои). Делается вывод, что комплексное использование литостратиграфических и литогенетических принципов расчленения создает улучшенные предпосылки для разработки тонкого порайонного расчленения разреза, а также для оценок перспектив газоносности. Пространственно-временное фациальное развитие, начиная с пархимского времени, свидетельствует в общей совокупности о более или менее последовательном погружении области осадконакопления. Зональные внутриформационные перерывы объясняются условиями седиментации и не требуют предположений о проявлении тектонических импульсов.

Summary

There are discussed lithostratigraphy and lithogenetic correlation possibilities and problems of the Elbe formation, the younger part of the Havel formation (Mirow member) and the older part of the Havel formation (Parchim member) with two facies sections across the Rotliegendes basin in the northern part of the GDR as well as three facies schemes. It was found that a combined application of lithostratigraphy and lithogenetic principles of subdivision improve the requirements for specific local subdivisions and the evaluation of oil- and gas deposits. The regional and temporal facies development from the Parchim member onwards shows a continuous subsidence of sedimentation area. The zonally occuring intraformational gaps can be explained sedimentologically and do not require the assumption of tectonic impulses.

Literatur

BEHRENDT, L.: Die sedimentologischen Leithorizonte im Saxon im Nordteil der DDR — Z. angew. Geol., Berlin **36** (1990) 9

DRONG, H. J.; PLEIN, E.; SANNEMANN, P.; SCHUEPBACK, M. A.; ZIMDARS, J.: Der Schneverdinger Sandstein des Rotliegenden — eine äolische Sedimentfüllung alter Grabenstrukturen — Z. Dtsch. Geol. Gesellsch., Hannover **133** (1982), S. 699—725

ELLENBERG, J.; FALK, F.; GRUMBT, E.; LÜTZNER, H.; LUDWIG, A. O.: Sedimentation des höheren Unterperms der Flechtinger Scholle — Z. geol. Wiss., Berlin **4** (1976) 5, S. 705—737

ELLENBERG, J.; FALK, F.; LÜTZNER, H.: Bemerkungen zur Fazies und zum zyklischen Aufbau des sedimentären Rotliegenden der Nordostdeutschen Senke. — Vortrag GGW-Fachtagung Magdeburg (1989)

GRALLA, P.: Das Oberrotliegende in NW-Deutschland — Lithostratigraphie und Faziesanalyse. — Geol. Jahrb. R. A, Hannover **196** (1988), 59 S.

HEDEMANN, H. A.; MASCHEK, W.; PAULUS, B.; PLEIN, E.: Mitteilung zur lithostratigraphischen Gliederung des Oberrotliegenden im Nordwestdeutschen Becken. — Nachr. Dtsch. Geol. Gesellsch., Hannover **30** (1984) S. 100—107

HOFFMANN, N.; KAMPS, H. J.; SCHNEIDER, J.: Neuerkenntnisse zur Biostratigraphie und Paläodynamik des Perms in der Nordostdeutschen Senke — ein Diskussionsbeitrag. — Z. angew. Geol., Berlin **35** (1989) 7, S. 198—207

KATZUNG, G.: Stratigraphie und Paläogeographie des Unterperms im Mitteleuropa. — Geologie, Berlin **21** (1972) S. 570—584

— Tektonik, Klima und Sedimentation in der Mitteleuropäischen Saxon-Senke und in angrenzenden Gebieten. — Z. geol. Wiss., Berlin **3** (1975) 11, S. 1453 bis 1472

— Explanatory Notes to the lithotectonic molasse profile of the Central European Depression (North-East German Depression), G.D.R. — Akad. Wiss. DDR, Veröff. Zentr. inst. Phys. Erde, Potsdam **66** (1982) S. 209—224

— Tectonics and Sedimentation of Variscan Molasses in Central Europe. — Z. geol. Wiss., Berlin **16** (1988) 9, S. 823—843

KATZUNG, G.; FISCHER, U.; SIGENEGER, W.-D.; JOHN, K.-H.; SUESSMUTH, S.; WARNCKE, D.: Die Saxongliederung im Zentralabschnitt der Mitteleuropäischen Senke. — Z. angew. Geol., Berlin **23** (1977) 11, S. 559—561

MENNING, M.; KATZUNG, G.; LÜTZNER, H.: Magnetostratigraphic Investigations in the Rotliegendes (300—252 Ma) of Central Europe. — Z. geol. Wiss., Berlin **16** (1988) 11/12, S. 1045—1063

PHILIPP, W.; REINICKE, K. M.: Zur Entstehung und Erschließung der Gasprovinz Osthannover. — Erdöl-Erdgas-Z., Hamburg **98** (1982) S. 85—89

SCHREIBER, A.: Das Rotliegende des Flechtinger Höhenzuges. — Freib. Forsch.h., R. C 82, Berlin (1960), 132 S.

WARNCKE, D.; LINDERT, W.: Zur Stellung permischer Klastika auf der Insel Rügen. — Vortrag GGW-Fachtagung Binz 1989

WEGNER, H. U.: Grobklastische Sedimente des Unterperm im Gebiet von Nordostmecklenburg. — Greifswald: Ernst-Moritz-Arndt-Univ. Greifswald, Diss. A 1972, 360 S.

TGL 25234/12 Fachbereichstandard Stratigraphische Skala der DDR — Perm, Berlin 1980, 18 S.

Z. angew. Geol., 36 (1990) 10

Hydrogeologische Großraummodelle des VE Braunkohlenkombinates Bitterfeld

BERNDT HAFERKORN, VOLKER MANHENKE, Leipzig; ECKART UHLIG, Borna

Aufgabenstellung

Die Tätigkeit des Braunkohle-Bergbaues in dichtbesiedelten und industriell intensiv genutzten Gebieten erfordert neben der Einordnung der technischen Systeme in die Infrastruktur des Territoriums auch die Lösung bedeutender Aufgaben zum Schutz und zur Erhaltung der Umweltbedingungen und bei der Gestaltung der Bergbaufolgelandschaft.
Insbesondere die montanhydrologischen Eingriffe in den Grundwasserhaushalt großer Territorien bedürfen sorgsamer Planung und Ausführung, da sie von entscheidender Bedeutung für die Erhaltung des Lebensraumes der Pflanzen, Tiere und Menschen lebender und zukünftiger Generationen sind. Die Konzentration mehrerer Tagebaue in eng begrenzten Förderräumen und der Vorstoß in größere Abbautiefen hat Überlagerungen der Grundwasserabsenkungen zur Folge (Abb. 1).

Diese Situation zwingt zur Bearbeitung von hydrogeologischen Großraummodellen (HGM), damit langfristig gesicherte Komplexentscheidungen unter Beachtung aller Interessen getroffen werden können.
Die Ziele können wie folgt definiert werden:

- Die Braunkohleindustrie benötigt hydrogeologische Großraummodelle zur Gewährleistung der geotechnischen und Bergbausicherheit in den produzierenden Tagebauen und in der Bergbaufolgelandschaft sowie für eine wissenschaftlich fundierte Entscheidungsfindung für die weitere Entwicklung unseres Kombinates über die Jahrhundertwende hinaus (Tab. 1).
- Die Wasserwirtschaft benötigt hydrogeologische Großraummodelle für eine langfristige und sichere Bewertung und Bilanzierung der Ressource Grundwasser sowie die optimale Nutzung dieses volkswirtschaftlich bedeutenden Rohstoffes.

Abb. 1. Zentraler Abbauraum des VE BKK Bitterfeld und Berandung der Hydrogeologischen Großraummodelle Leipzig-Nord und Leipzig-Süd

1 – Berandung des HGM-Nord; 2 – Berandung des HGM-Süd; 3 – ausgekohlte Flächen; 4 – Kohleverbreitung und Kohlefelder; 1 bis 38 – Tagebaufelder

Eingang des Manuskripts in der Redaktion: 25. 4. 1989

- Die geologische Forschung und Erkundung benötigt hydrogeologische Großraummodelle für die Bewertung der Grundwasservorratsentwicklung in den bergbaulichen Ballungsgebieten.

Wir entschlossen uns, die Federführung für die notwendige hydrogeologische Großraummodellierung zu übernehmen, und zwar als Hauptverursacher, aber nicht unbedingt als fachlich zuständiger Planträger.
Als präzisierte Aufgabenstellung für die hydrogeologischen Großraummodelle unseres Kombinates wurden Modellgrößen gewählt, die solche Gebiete erfassen, die hydrologisch eine Einheit bilden und durch zeit- und ortskonstante natürliche äußere Randbedingungen begrenzt sind.
Dabei sind die inneren Randbedingungen so zu modellieren, daß als Ergebnis folgende Aussagen des Mengenströmungsproblems zur Verfügung stehen:

1. Berechnung der Grundwasserabsenkung, die durch die Tagebauentwässerungsanlagen bzw. durch Fassungsanlagen anderer Nutzer im Modellgebiet verursacht wird, nach Ort und Zeit.
2. Berechnung der Volumenströme getrennt nach Grundwasserleitern sowie der zeit- und ortsdiskret dem Tagebau zufließenden Wassermengen.
3. Berechnung des zeit- und ortsdiskreten Grundwasserwiederanstieges in Kippen bei Beachtung der natürlichen Abflußbedingungen.
4. Berechnung der Beeinflussung bergbaufremder Fassungsanlagen als Funktion der Zeit mit einer quantitativen Aussage zum möglichen Förderrückgang.
5. Berechnung der Grundwasservorräte in ihrer zeitlichen und örtlichen Entwicklung.
6. Ermittlung der zu erwartenden Grundwasserober- und -druckfläche als Funktion der Zeit für Setzungsberechnungen.

Die Lösung dieser relevanten Aufgabenstellung für die hydrogeologischen Großraummodelle des Braunkohlenkombinates Bitterfeld wird die Grundlage für langfristige strategische Entscheidungen in der Kohleindustrie, der Wasserwirtschaft und im Kombinat Geologische Forschung und Erkundung sein.

Umfang und hydrogeologischer Inhalt der hydrogeologischen Großraummodelle Leipzig-Nord und Leipzig-Süd

Das hydrogeologische Großraummodell Leipzig-Nord umfaßt das Bitterfelder Braunkohlerevier einschließlich seiner Zukunftsfelder. Es nimmt ein hydrogeologisch geschlossenes Gebiet zwischen der Elbe im Norden und Osten, der Saale im Westen und der Weißen Elster im Südwesten sowie nach Südosten bis zur Verbreitungsgrenze der pleistozänen und tertiären Grundwasserleiter ein, Gesamtfläche rd. 4200 km². Im Bereich der geographischen Breite von Leipzig überlagert es sich mit dem hydrogeologischen Großraummodell Leipzig-Süd.
Dieses umfaßt das Braunkohlerevier des sog. Weißelsterbeckens. Es nimmt ein hydrogeologisch weitgehend geschlossenes Gebiet zwischen der Mulde im Osten, der Weißen Elster und Parthe im Norden, der Saale im Westen und nach Süden bis zum Rand der pleistozänen und tertiären Grundwasserverbreitung ein, Gesamtfläche rd. 2200 km².

Tab. 1. Tagebaubezogene hydrogeologische Modelle, Braunkohlenkombinat Bitterfeld

Modellbezeichnung	Fläche km²	Modell-GWL Anzahl	diskrete Punkte Anzahl	Element-anzahl	Berechnungs-zeit bis	Programm-system
Großraum Delitzsch-SW	690	3	1105	3315	1985	HY 75
Tagebau Breitenfeld	327	4	775	3100	1985	HY 75
Tagebau Goitsche	130	4	801	3204	1985	HY 75
Tagebau Köckern	256	2	640	1280	1988	HY 75
Tagebau Peres	130	3	1150	3450	2005	HY 75
Kippe Witznitz	40	1	1510	1510	2000	HY 75
Tagebau Witznitz	45	3	1067	3201	1995	HY 75
Tagebau Bockwitz	38	4	393	1572	1995	HY 75
Tagebau Goitsche/Baufeld Rösa	780	4	825	3300	1989	HY 75
Tagebau Schleenhain/Groitzscher Dreieck	170	5	550	1995	1995	HY 75
Tagebau Hatzfeld/Merseburg-Ost	400	5	550	2750	2000	HY 75
Tagebau Gröbern/Golpa-Nord	420	5	600	3000	1998	HY 75
Tagebau Profen-Süd	210	1	952	952	1990	HY 75/GEOFIM
Testmodell Rösa	780	4	1750	7000	1992	GEOFIM
Tagebau Kitzscher	120	1	2303	2303	2000	GEOFIM
Großtagebau Espenhain	144	3	2008	6024	1995	GEOFIM
Tagebau Merseburg-Ost (Salzlast)	200	4	418	1672	2000	GEOFIM

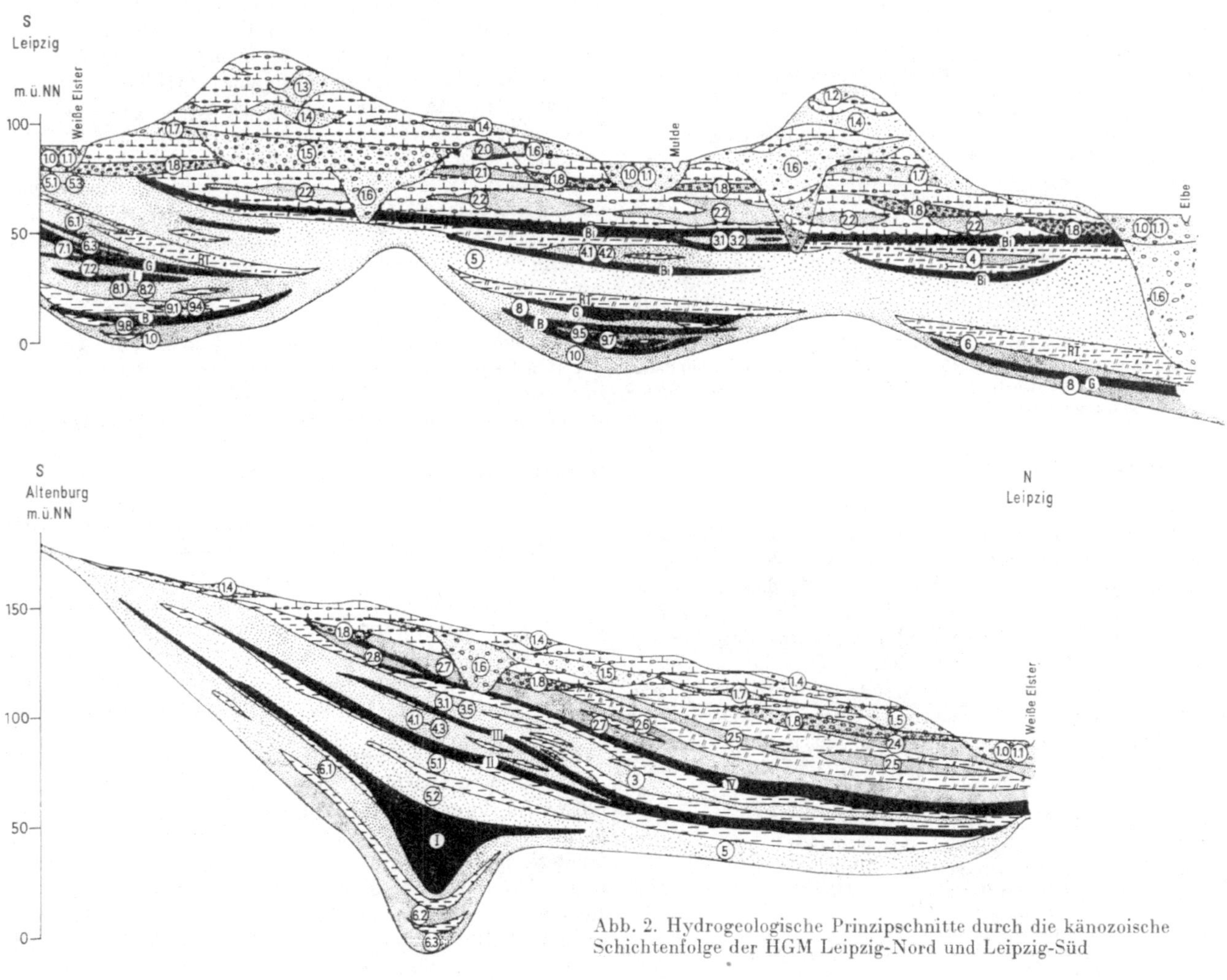

Abb. 2. Hydrogeologische Prinzipschnitte durch die känozoische Schichtenfolge der HGM Leipzig-Nord und Leipzig-Süd

Zu bearbeiten sind 102 Meßtischblätter (Mbl.) ganz oder teilweise.

Für die derzeitigen Tagebaugebiete ist der Bearbeitungsmaßstab 1:25000, für die Randgebiete mit geringer Bohrungsdichte 1:50000.

Die Bearbeitung der Mbl. 1:25000 erfolgt im Stammbetrieb des BKK Bitterfeld, und zwar 24 Blätter für das hydrogeologische Großraummodell-Nord und 21 Blätter für das Großraummodell-Süd. Die Karten im Maßstab 1:50000 (20 Stück) werden im VEB Kombinat Geologische Forschung und Erkundung bearbeitet.

Modelliert werden die känozoischen Schichten dieses Raumes. Ihre Gesamtmächtigkeit liegt zwischen 100 und 200 m.

Die geologischen Schnitte der Abb. 2 geben einen Überblick über die Vielzahl der ausgebildeten Grundwasserleiter.

Im Nordraum sind es im wesentlichen 7 pleistozäne und 12

tertiäre und im Südraum 5 pleistozäne und 11 tertiäre Grundwasserleiter. Im informationsadäquaten Modell werden sie alle erfaßt. Die Vielzahl der Grundwasserleiter kann im Modell nicht einzeln erscheinen. Es wird angestrebt, im Nordraum mit 4 und im Südraum mit 5 Modell-Grundwasserleitern auszukommen.

Daraus ergibt sich der Schwerpunkt bei unserer hydrogeologischen Bearbeitung:

Kartierung der Grundwasserleiter-Geometrie und Ausweis der horizontalen und vertikalen hydraulischen Verbindungen, was die Grundlage für die Zusammenführung von einzelnen Grundwasserleitern zu einem Modell-Grundwasserleiter bilden wird.

Es ist klar, daß in großen Modellräumen keine einheitlichen Modell-Grundwasserleiter gebildet werden können;
also Grundwasserleiter die z. B. im E-Teil oder S-Teil des Gebietes zusammengefügt werden können, sind im W- oder N-Teil eindeutig getrennt zu behandeln.

Für unseren Raum sind zwei Tendenzen der Lagerungsverhältnisse maßgebend:

- die tertiären Schichten fallen im Südraum generell nach Norden ein, und im Nordraum fallen die tertiären Schichten — also auch die Grundwasserleiter — generell nach Osten ein;
  damit treten nach Süden bzw. nach Westen immer ältere tertiäre mit den darüber liegenden pleistozänen Grundwasserleitern in Verbindung (Abb. 2).
- die pleistozänen Schichten weisen eine wesentliche Lagerungsvielfalt auf; hier haben besonders drei fluviatile Erosionsphasen und dazu noch Schmelzwasserrinnen ein jeweils eigenes Oberflächenrelief geschaffen, das jedoch für die Zusammenfügung zu einem Modell-Grundwasserleiter meist günstige Voraussetzungen bildet.
  Es liegen — vornehmlich in E—W-Richtung abwechselnd — pleistozäne Grundwasserleiter unterschiedlichen Alters und auch obere tertiäre Grundwasserleiter in Tertiärhochlagen oftmals nebeneinander in einem Niveau, so daß sie zu einem Modell-Grundwasserleiter zusammengefaßt werden.
  Diese Zusammenführung ist nicht nur geometrisch, sondern auch durch Auswertung vorhandener Grundwasserstandsmessungen nachzuweisen.

EDV-technische Realisierung

Die große Menge der aufzubereitenden Daten bedingt den Einsatz von Dateien, damit sie nach verschiedenen Gesichtspunkten sortiert, geprüft, formiert und einer Weiterverarbeitung zugänglich gemacht werden können. Zu diesem Zweck wurde in Anlehnung an bereits bestehende Erfahrungen des Institutes für Wasserwirtschaft eine Softwarekonzeption erarbeitet, die in Tab. 2 dargestellt ist.

Alle Daten, die gemäß der genannten Ortsdiskretisierung aufbereitet wurden, werden in einem INFormations-ADäquaten Teilmodell (INFAD) in Dateien auf der Basis des Datenbankbetriebssystems REDABAS gespeichert. Die Dateistrukturen für

ordi	— Ortsdiskretisierung
hgsm	— Hydrogeologisches Strukturmodell
gwstamm	— Grundwassermeßstellen — Stammdaten
gwst	— Grundwassermeßstellen — Meßwerte
rabe	— Randbedingungsdaten
temo	— Technologisches Teilmodell
hgki	— Hydrogeologisches Strukturmodell Kippe
guet	— Beschaffenheitsdaten

werden zwischen allen am Modellaufbau beteiligten Partnern der Nutzergemeinschaft abgestimmt und so konzipiert, daß sie auch für weiterführende Arbeiten oder andere mathematische Modelle genutzt werden können. Damit kann INFAD als ein universell nutzbarer Datenspeicher für punkt- oder auch elementarorientierte Betrachtungsweise angesehen werden.

Gemäß der Zielstellung des hydrogeologischen Großraummodells oder auch für andere Aufgabenstellungen kann nun durch schrittweise Reduktion des geometrischen Teilmodells der Aufbau des VERarbeitungsADäquaten Modells (VERAD) erfolgen. Die Dateistruktur von VERAD ist gleich der Dateistruktur von INFAD, so daß für kleinere Probleme oder gezielte Dateiauszüge aus INFAD, die keiner Modellreduktion bedürfen, sofort ein Verarbeitungsadäquates Modell entsteht.

Die Prüfung der Dateiinhalte von INFAD und VERAD sowie die Modellreduktion selbst muß computerunterstützt erfolgen. Insbesondere sind hier graphische Darstellungen erforderlich, die dem Modellierer Kenntnisse über Zusammenhänge mit Nachbarelementen in horizontaler und vertikaler Richtung in Form von Isolinien, funktionellen Schnitt- und quasi-3-d-Darstellungen vermitteln.

Diese ebenfalls in Tab. 2 dargestellten Softwaretools werden in gemeinsamer Arbeit zwischen den Braunkohlekombinaten Bitterfeld und Senftenberg und dem Institut für Wasserwirtschaft erarbeitet.

Alle Arbeiten im Preprocessing werden auf 16-Bit-Personalcomputern der EC-1834-Serie durchgeführt. Die Softwaretools sind unter dem Betriebssystem DCP 3.20 lauffähig, als Graphiksystem wird das Graphische Kernsystem (GKS) genutzt. Die Basis-Software für die Graphiktools wurde vom Institut für Wasserwirtschaft Berlin entwickelt und wurde ebenso wie die Programmiersprache FORTRAN (TGL-Version) als verbindliche Programmiergrundlage für alle im Rahmen der Hydrogeologischen Großraummodelle zu entwickelnden Programme festgeschrieben.

Die Bearbeitung des Preprocessing schließt mit der Prüfung des VERAD-Datensatzes ab. Zu diesem Zweck wird der z. Z. im Programmsystem GEOFIM integrierte Baustein ANALYS herausgelöst und ebenfalls auf PC umgeschrieben, so daß an den Großrechner ein mit ANALYS geprüfter Datensatz übergeben werden kann.

Die Berechnung erfolgt mit dem Programmsystem GEOFIM. Die Bearbeitung großer Gleichungssysteme bedingt den Einsatz effektiver Lösungsverfahren und die Verwendung von Rechnern, die entsprechend große Hauptspeicherkapazitäten und Rechengeschwindigkeiten besitzen. Im Programmsystem GEOFIM wird dazu bei Gleichungssystemen mit mehr als 3000 Diskretisierungspunkten die unvollständige LDL^T-Zerlegung genutzt. Während bei Verwendung des Gauß-Algorithmus der Aufwand für die Lösung quadratisch mit der Anzahl der Elemente steigt, ergibt sich für die LDL^T-Zerlegung keine Auffüllung der Matrix. Zur Zeit kann mit dem PS GEOFIM nur die Mengenströmung berechnet werden, an der Einarbeitung der Migrationsprozesse wird noch gearbeitet. Für die erste Stufe der Großraummodellierung wird auch nur die Mengenströmung betrachtet, die Beschaffenheitsaussagen werden durch Off-line gekoppelte Modelle im Nachgang angestrebt. Für die hydrogeologischen Großraummodelle wurde eine Quadratnetzstruktur vorgegeben, wobei eine Kantenlänge von 1 km als Standard festgelegt ist. Durch Aggregation werden mehrere Quadrate zu einem Rechteck (oder als Sonderform wieder zu einem Quadrat) zusammengefaßt, damit kann die Anzahl der zu lösenden Gleichungen verringert werden. Andererseits kann, wird eine feinere ortsdiskrete Auflösung gewünscht, ein Quadratkilometer in Teile zerlegt werden. Diese Verfeinerung wird als Lupe bezeichnet und führt natürlich zu einer Vergrößerung der Anzahl der zu lösenden Gleichungen.

Wird mit dem Mittelwert der Ortsdiskretisierung von 1 km^2 gerechnet, so ergeben sich für das

- Nordraummodell 4200 Elemente in der Ebene, bei Berücksichtigung von 4 Grundwasserleitern sind das 16800 Elemente, und für das
- Südraummodell 2150 Elemente in der Ebene, bei 5 Grundwasserleitern also 10750 Elemente = Unbekannte im Gleichungssystem.

Tab. 2. Hydrogeologische Großraummodelle Softwarenkonzeption, Stand 2/88

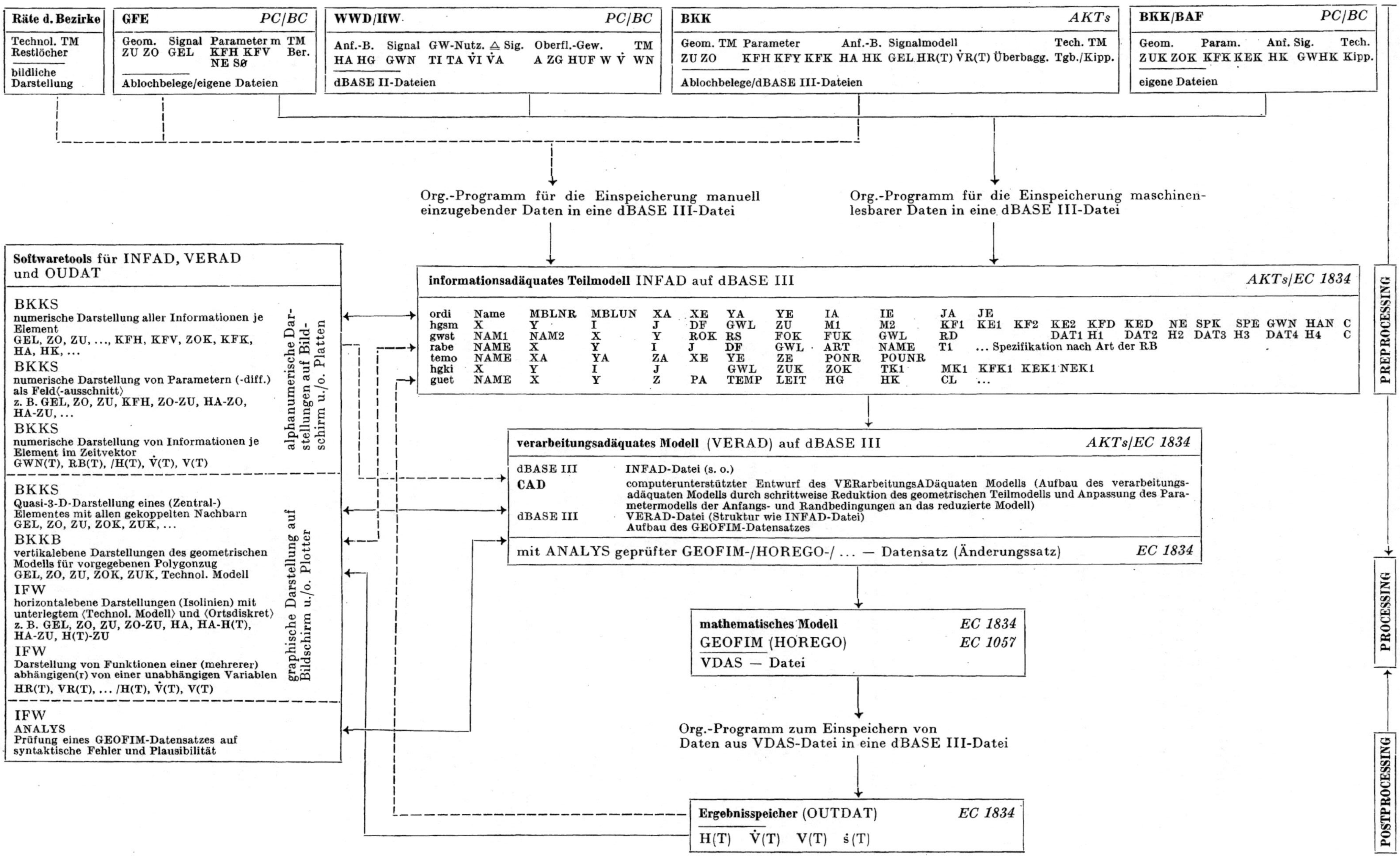

Die Dateneingabe und Ergebnisausgabe erfolgen über einen mittels KIF-Adapter gekoppelten EC 1834, der die direkte Kopplung der Datenströme ermöglicht. Alle Berechnungsergebnisse werden in dem Ergebnisspeicher OUTDAT ebenfalls unter REDABAS abgelegt. So können dann alle Softwaretools des Preprocessing auch für das Postprocessing genutzt werden. Damit können im Nachgang zur Berechnung alle möglichen Klassen von Daten gebildet und für die verschiedensten Verwendungszwecke ausgewertet werden.

Modellanpassung und zu erwartende Ergebnisse

In jedes Modell geht eine Reihe von Ungenauigkeiten ein, die sich bei größeren Modellen und über größere Zeiträume stärker auswirken.
Es ist deshalb erforderlich, die Repräsentanz der eingehenden Daten zu bewerten und Schwerpunkte für mögliche Korrekturen und nötige Parameteridentifikationen aufzuzeigen.
Durch Test- und Kontrollrechnungen über einen Zeitraum mit bekannter Grundwasserstandsentwicklung ist die Anpassung des Modells an die wirklichkeitsgerechte Simulation der hydrogeologischen Vorgänge zu erreichen.
Im einzelnen wird z. Z. eingeschätzt:

- Die geometrischen Parameter sind in ihrer Erkundungsgenauigkeit in allen Tagebaubereichen und den Zukunftsfeldern repräsentant, in den Randbereichen unsicher, aber vermutlich dennoch ausreichend. Geometrische Fehler, z. B. in der Sohle bis 5 m, sowie die mit der Mittelwertbildung über einen km² verbundene Nivellierung beeinflussen die Grundwassermengenberechnungen nur unwesentlich, wie Vergleichsrechnungen gezeigt haben (MANHENKE 1986).
- Die Zusammenführung von Grundwasserleitern zu nur 4 bis 5 Modell-Grundwasserleitern erfaßt alle Grundwasserleiterhorizonte, die für die Wassermengenberechnung von Tagebauentwässerungen und großen Wasserwirtschaftsfassungen wichtig sind. Lokale Aufspaltungen sowie meist geringmächtige Grundwasserleiter innerhalb größerer Staukomplexe, wie z. B. an der Oberfläche anstehender Geschiebemergelkomplexe, können im allgemeinen nicht erfaßt werden. Folglich ist auf solchen Geschiebemergelhochflächen auch keine Einbindung von Bächen und Teichen oder flachen Hausbrunnen in das Modell möglich. Damit unterscheidet sich das Großraummodell jedoch nicht von bisherigen hydrogeologischen Modellen, die meist nur ein bis drei Modellgrundwasserleiter enthalten.
- Vertikale Verbindungen zwischen Modell-Grundwasserleitern können als Teilfläche des km² modelliert werden, jedoch sind zweifellos nicht alle bekannt. Andererseits ist die hydraulische Wirksamkeit von geometrischen Verbindungen, z. B. zwischen pleistozänen und tertiären Grundwasserleitern über Pleistozänrinnen oft geringer als angenommen.
  Damit kommen wir zum Problem der vertikalen Durchlässigkeit, nach dem Begriff der „leaky aquifer" (vgl. z. B. BUSCH & LUCKNER 1973) spricht man auch von „leakagefactors" für die sog. Grundwasserstauer, die dennoch halbdurchlässige Schichten bilden.
  Alle bisherigen hydrogeologischen Modelle verfälschen die natürliche Wasserzirkulation zwischen Grundwasserleitern, indem sie absolut undurchlässige Stauer mit einigen lokalen sog. „Fenstern" ansetzen.
  Im Zuge der Anpassungsberechnungen der hydrogeologischen Großraummodelle Leipzig-Nord und -Süd soll die Verwendung von leakagefactors getestet werden.
- Einen Unsicherheitsfaktor der bisherigen HY 75- und GEOFIM-Berechnungen stellt die Ausbildung der Absenkungskurve vor allem von gespannten Grundwasserleitern dar. Es wird angenommen, daß der Speicherkoeffizient (BUSCH & LUCKNER 1973; STRZODKA 1975) dafür maßgebend ist. Bei größeren Gebieten und längeren Berechnungszeiträumen macht sich die damit verbundene Abweichung des berechneten vom tatsächlichen Absenkungsverlauf in tagebaufernen Gebieten stärker bemerkbar. Dieser Koeffizient ist durch Anpassungsrechnungen zu korrigieren.
- Kippen nehmen einen erheblichen Teil des Gebietes ein. Sie reichen bis zum jeweils liegenden Grundwasserleiter bzw. Liegendstauer. Für Kippen werden durch Sonderprogramme gemeinsam mit der Bergakademie Freiberg Durchlässigkeitsbeiwerte und nutzbare Porenvolumina ermittelt (KAUBISCH & FISCHER 1985). Die unkontrollierbare Veränderlichkeit in den Kippen macht sie zu einem Unsicherheitsfaktor in ihren hydrogeologischen Parametern und in ihrem Grundwasserstand. Im allgemeinen wird für Kippen ein eigener Grundwasserspiegel und ein leakagefactor gegenüber dem ungestörten liegenden Grundwasserleiter anzunehmen sein.
- Die Verbindung zwischen den Modell-Grundwasserleiter und den Oberflächengewässern wie Elbe, Saale, Mulde, Weiße Elster, Neiße, Parthe, Fuhne und im Modell-Grundwasserleiter liegenden Seen erfolgt auf der Basis von Kolmationskoeffizienten w

$$w = \frac{M}{kf} s$$

M — Mächtigkeit der kolmatierten Schicht
kf — Durchlässigkeitsbeiwert der Kolmationsschicht

Trotz der bekannten, vom Hochwasserzyklus abhängigen zeitlichen Veränderlichkeit der Kolmationsschicht (HEEGER 1985) gehen z. Z. bei uns nur Mittelwerte ein, die über Pumpversuche und Uferfiltratfassungen vorbestimmt und ebenfalls noch besser quantifiziert werden müssen. Dies — wie die Grundwasserneubildung — fällt in den Aufgabenbereich der Wasserwirtschaft.

Die Ausführungen zeigen, daß mit den Untersuchungen, Kartierungen und Tests der Großraummodellierung neue Wege in der Hydrologie beschritten werden.
Hydrogeologische Modelle von Großräumen werden digital gespeichert vorliegen und von verschiedenen Institutionen abrufbar sein.
Damit wird die Grundlage geschaffen, die Fortschritte in der mikroelektronischen Rechentechnik für den Bergbau, die Wasserwirtschaft und die Planung der Gestaltung unserer Landschaft großräumig einzusetzen.

Zusammenfassung

Die vom Braunkohlebergbau betroffenen Räume der Leipziger Tieflandsbucht zwischen Elbe und Saale werden in zwei hydrogeologischen Großraummodellen erfaßt, digital gespeichert und für die Berechnung der Entwicklung des Grundwasserstandes in 4 bis 5 känozoischen Grundwasserleiter-Komplexen soft- und hardwareseitig vorbereitet.

Резюме

Для охваченных буроугольными разработками территорий Лейпцигской низменности между реками Эльбе и Заале были созданы гидрогеологические макромодели; эти данные были заложены в ЭВМ, были подготовлены программы и технические средства для расчетов развития уровня грунтовых вод по 4—5 кайнозойским комплексам грунтовых вод.

Summary

The region of the Leipziger Tieflandsbucht between the rivers Elbe and Saale, which is influenced by lignite mining, is recorded in two hydrogeological large-spaced models, it is digitally stored and prepared for the calculation of the development of groundwater level in four or five Cenozoic aquifer complexes.

Literatur

BUSCH, K. F.; LUCKNER, L.: Geohydraulik. — Leipzig: VEB Deutscher Verlag für Grundstoffindustrie 1973
KAUBISCH, M.; FISCHER, M.: Zur Berechnung des Filtrationskoeffizienten in Tagebaukippen. — Neue Bergbautech., Leipzig 15 (1985) 4, S. 142—143
LUCKNER, L.; SCHESTAKOW, W. M.: Simulation der Geofiltration. — Leipzig: VEB Deutscher Verlag für Grundstoffindustrie 1975
MANHENKE, V.: Zur Genauigkeit des geometrischen Grundwasserleitermodells von Braunkohle-Lagerstätten. — Z. angew. Geol., Berlin 32 (1986) 8, S. 207—211
STRZODKA, K.: Hydrotechnik im Bergbau und Bauwesen. — Leipzig: VEB Deutscher Verlag für Grundstoffindustrie 1975

Entwicklung der Kohlenwasserstoff-Prospektion im Zechstein auf dem Territorium der DDR[1])

KARL-HEINZ BLESCHERT, STEPHAN SCHRETZENMAYR, JOACHIM RASCH, KARL ZAGORA, CORINNA SCHREYER, Gommern

Einleitung

Der Energiebedarf unserer Volkswirtschaft verlangt von den Industriezweigen größte Anstrengungen, die Energieträger aus erschöpfbaren natürlichen Ressourcen bereitzustellen haben. Bezüglich der Situation der Kohlenwasserstoff-Reserven im Staßfurtkarbonat ergab sich in den achtziger Jahren durch die Erschließung zusätzlicher perspektiver Gebiete und die Entdeckung einiger für Zechstein-Relationen bedeutender Erdgas-Kondensat-Lagerstätten in NE-Mecklenburg (Heringsdorf) und SE-Brandenburg (Märkisch-Buchholz) ein neues, optimistischeres Bild.
Die Kohlenwasserstoffe sind in den bis dahin größten Fallen akkumuliert. Diese neuen Fallen weisen bemerkenswerte geometrische und speichergeologische Parameter auf. So beträgt beispielsweise die Gesamtfallenfläche für Märkisch-Buchholz ca. 30 km². Nahezu die gesamte Karbonatmächtigkeit von 30 bis 50 m kann als effektiver Speicher betrachtet werden. Es wurden außergewöhnlich hohe Nutzporositäten (bis 35% bei Permeabilitäten von mehreren 100 Tnm²) ermittelt. Nach Kapillardruckuntersuchungen besteht der Speicher zu 95% aus kommunizierenden Großporen.
Die neuen Lagerstättenfunde waren das Ergebnis systematischer geowissenschaftlich-methodischer Forschungsarbeiten Ende der siebziger bis Mitte der achtziger Jahre. Damit konnte die negative Perspektivitäts-Prognose für den Zechstein von Anfang der siebziger Jahre korrigiert und nach einer Etappe deutlich reduzierter Suchaktivitäten mit relativ geringem Erfolg das wirtschaftliche Interesse an der Kohlenwasserstoff-Exploration im Zechstein wiedererweckt werden.
Hauptanliegen nachfolgender Ausführungen ist es

1. den Anteil der wissenschaftlich-methodischen Arbeiten als Voraussetzung für die Perspektivitätsbewertung und die Suchvorbereitung aufzuzeigen, um
2. zu demonstrieren, wie schrittweise naturprozeßadäquatere geologische Modelle unter der ständig wachsenden Erkenntnis der Vielfalt von Einzelphänomenen und deren komplexer Verknüpfung letztendlich
3. zu praxisrelevanten Aussagen und einer Steigerung der Sucheffektivität und der Erfolgsrate führen können.

Vorangestellt sei hierfür eine in vielen Naturwissenschaften erprobte Methode einer Case-history-Studie, indem die Erkundungsgeschichte von Kohlenwasserstoff-Lagerstätten

— streiflichtartig für den Zechstein des Germanischen Zechsteinbeckens bzw. der Norddeutsch-Polnischen Senke im allgemeinen und
— für den südöstlichen Zechstein-Beckenrand auf dem Territorium der DDR (SE-Brandenburg/Niederlausitz), einem traditionsreichen Explorationsgebiet, in dem auch gegenwärtig noch die umfangreichsten Sucharbeiten laufen, im besonderen in ihren prinzipiellen Zügen rekonstruiert wird. Es geht dabei nicht vordergründig um die Darstellung des Geschichtsablaufes der Exploration, sondern vielmehr um die Aufdeckung der Mechanismen der Erkenntnisentwicklung bis zur gegenwärtigen Lage und die Ableitung zukunftsorientierter Schlußfolgerungen für die Weiterführung der Kohlenwasserstoff-Exploration.

Historischer Überblick

Die praktische Suchtätigkeit auf Kohlenwasserstoffe im Zechstein erstreckt sich nunmehr über einen Zeitraum von 60 Jahren. Die Anregung zur Untersuchung der Zechsteinkarbonate auf ihre Kohlenwasserstoff-Führung geht auf den amerikanischen Erdölgeologen STUART zurück. Er folgerte dies für die in Salinarabfolgen gelegenen Dolomite des Zechsteins in Deutschland im Jahre 1926 aus Analogieschlüssen zu den Verhältnissen in den Perm-Äquivalenten von Texas und Neumexiko.
Im Jahre 1929 wurde erstmals nahe dem thüringischen Volkenroda Erdöl und Erdgas im Staßfurtkarbonat (Ca2) entdeckt. 1931 betrug die Jahresförderung bereits 51000 t. Nach 1931 folgte die Entdeckung der Erdgas-Lagerstätten Mühlhausen und Langensalza. Während der Zeit des Faschismus wurde die Aufschlußtätigkeit besonders unter Rohstoff-Autarkiebestrebungen forciert. Sehr früh erkannten Geologen wie HEIDORN & SCHLÜTER (1931), FULDA (1920) und GRUPE (1909) die Grundprinzipien der faziell-paläogeographischen Differenzierung (Gliederung in Stinkschiefer, Stinkdolomit, Stinkkalk, Hauptdolomit), der räumlichen Verteilung von Mutter- und Speichergesteinen, den syngenetischen Charakter der Kohlenwasserstoffe und die grundlegenden Wesensmerkmale der Lagerstättenbildung. Unter anderen bewahrte DEUBEL (z. B. 1954) dieses Wissen für die Nachkriegszeit.
Eine wesentliche Erweiterung folgte in den fünfziger Jahren durch die Arbeiten von RICHTER-BERNBURG (z. B. 1953, 1955) zur Stratigraphie des Zechsteins, zur Paläogeographie und Sedimentologie der Zechsteinkarbonate und -sulfate.
In der DDR wurde die Kohlenwasserstoff-Suche zuerst in der Thüringer Senke aufgenommen und mit Unterstützung sowjetischer Spezialisten bis Ende der sechziger Jahre fortgeführt. In dieser Periode entdeckte man im lagunären Sedimentationsraum und im sog. Randwall eine Reihe weiterer Erdgas-Lagerstätten, u. a. Kirchheilingen, Krahnberg, Behringen sowie 19 neue Erdöl-Erdgas-Vorkommen bzw. Kleinstlagerstätten mit ca. 10 Mrd. m³ anstehendem Erdgasvorrat.
Untersuchungsgegenstand war das strukturelle Falleninventar, das sich hier räumlich mit Aufwölbungen des Mesozoikums deckte. Kleinere Erdöl- und Erdgasfunde wurden auch am Großen Fallstein im Bereich der Subherzynen Senke gemacht.
Nahezu gleichzeitig begann die Kohlenwasserstoff-Exploration auf der Grundlage desselben Erfahrungsschatzes in SE-Brandenburg/Niederlausitz und am nördlichen Beckenrand.
In NE-Mecklenburg wurden im Zeitraum von 1961 bis 1972 weit über 100 Bohrungen in allen paläogeographischen Zonen niedergebracht und dabei mehrere Erdöl-Lagerstätten entdeckt, von denen Lütow in Karbonatplattformrandsanden und Grimmen, Reinkenhagen und Richtenberg am Plattformhang die bedeutendsten sind. Danach begann auch in diesem Gebiet die deutliche Reduzierung der Suchumfänge. Einen erneuten Aufschwung nahmen die Untersuchungsarbeiten ab 1980. Sie gipfelten vorerst in der Entdeckung der bedeutenden Erdgas-Kondensat-Lagerstätte Heringsdorf im Jahre 1983. Zum Gebiet SE-Brandenburg/Niederlausitz wird weiter unten eine ausführliche Erläuterung gegeben.
An den Erfolgen, aber auch den Mißerfolgen, die noch immer das Regelergebnis darstellen — auch weltweit, sind inzwischen mehrere Generationen von Erdölgeologen gewachsen. Ob durch ihre kontinuierliche Detailarbeit vom Bohrplatz bis in die Labors oder durch mehr oder minder fundamentale bzw. wissenschaftlich fundierte Thesen haben sie insgesamt zur Förderung des Kenntnisfortschrittes und letztendlich zu den erreichten Sucherfolgen beigetragen.

Kurzer Überblick über andere Staaten

Frühzeitig begannen auch andere Staaten, durch die sich die Schelfrandregion der Sedimente des basalen Zechsteins in der Mitteleuropäischen Senke zieht, mit der Kohlenwasserstoff-Exploration.

Eingang des Manuskripts in der Redaktion: 1. 12. 1989
[1]) Vortrag, gehalten anläßlich der Verleihung des Stammberger-Preises der GGW der DDR 1988 an das Autorenkollektiv

BRD

Im Bereich der Hunte-Schwelle zwischen Weser und Ems wurden in Karbonatsanden in mehreren zumeist strukturellen Fallen Erdgasmengen von insgesamt 320 bis 340 Mrd. m³ entdeckt. Offensichtlich handelt es sich bei der überwiegenden Menge um epigenetische, d. h. Inkohlungsgase aus dem Oberkarbon, was eine gewisse Ausnahme darstellt.

Niederlande

Im Bereich Drenthe, wo vorwiegend Erdöl-Lagerstätten in submarinen Karbonaten gefunden wurden, erweisen sich die Karbonatsande speichergeologisch weitgehend als dicht.

Großbritannien und Nordirland

In Ostengland, wo die karbonatische Randfazies des gesamten Zechsteins dominiert, wurde sogar eine epigenetische Lagerstätte mit Zechstein-Ölen von 100 Mill. t Vorrat in Saxon-Speichern entdeckt.

Polen

Am nördlichen Beckenrand im Gebiet Pomorze—Kujawi wurden z. B. die vergleichsweise großen Erdöl-Lagerstätten Kamien Pomorski und Wysoka Kamienska entdeckt. Im Bereich des Wolsztyn-Walles sowie am südlichen Beckenrand im Gebiet der Senke von Zielona Góra sind zahlreiche kleinere Erdöl- und Erdgas-Lagerstätten gefunden worden.

Offshore-Sektor

Neuerdings wird auch hier erfolgreich gearbeitet, wie die Entdeckung des Erdgasfeldes Scram und einiger Erdöl-Lagerstätten im Kanal-Mündungsgebiet zwischen England und den Niederlanden belegt.

SE-Brandenburg/Niederlausitz

In diesem mit 184 Such- und 97 Erkundungsbohrungen intensiv untersuchten Gebiet läuft die Kohlenwasserstoff-Exploration seit 28 Jahren mit wechselnden Aufwendungen und Erfolgen. Es wurden bisher 18 Erdöl-Lagerstätten und 3 Erdgas-Kondensat-Lagerstätten mit volkswirtschaftlich bedeutenden Vorräten von Erdöl/Kondensat und Erdgas gefunden.

Geologisch-paläomorphologischer Rahmen

Das Untersuchungsgebiet nimmt den Raum vom Lausitzer Hauptabbruch im Westen bzw. Süden bis zur Umrandung der Ostbrandenburg-Schwelle im Osten bzw. Nordosten ein. Nach heutigen Kenntnissen sind alle Elemente ausgebildet, die den Typus einer Sulfat/Karbonat-Plattform im Sinne von WILSON (1975) am Schelfrand ausmachen:

- das Becken mit seinen geringmächtigen, laminierten Mudstones;
- der Plattformhang, der hier als in morphologische Depressionen und positive Anomalien gegliederter Typus vorliegt. Die Depressionen können hochporöse Karbonatsande führen und verkörpern inmitten von Gebieten mit ausgeprägten Muttergesteinsfolgen exponierte Fangpositionen für Kohlenwasserstoffe. In dieser Zone wurden in der jüngsten Vergangenheit die bisher größten Lagerstätten gefunden;
- der Plattformrand, umsäumt von einem Gürtel vergleichsweise mächtiger Karbonatsande;
- ihm folgt randwärts über der mächtigen Sulfatbarre die Karbonat-Sabkha-Ebene mit geringmächtigen Karbonatkrusten und vermutlich auch teilweise karbonatfreien Sedimentflächen.
- danach schließen sich teils offene, teils geschlossene Plattformbereiche — die sog. Lagune — mit Karbonaten hoher Typendiversität an: meist Karbonate des flachen Ruhigwassermilieus, die sich in prädestinierten Zonen in der Umrandung von Lagunenteilbecken intensiv mit Flachwasserbildungen verzahnen. In diesen, durch postgenetische Na1-Salinartektonik deformierten und geklüfteten Zonen wurden zahlreiche kleine und mittlere Erdöl-Lagerstätten entdeckt, meist in antiklinalartigen Strukturen unterschiedlicher Typen;
- die extreme Randentwicklung — mit verstärktem terrestrischen Einfluß — ist im Untersuchungsgebiet nicht ausgebildet, jedoch dann im südlichen Teil Polens nachgewiesen.

Such- und Erkundungsetappen

In Abb. 1 sind gegen den Zeitablauf in Jahren

a) die Bohrumfänge (d. h. die Anzahl der Bohrungen) in den Kategorien Suche und Erkundung sowie
b) die entdeckten Kohlenwasserstoff-Lagerstätten mit ihren geologischen Vorräten dargestellt.

Die Vorräte wurden dabei jeweils kumulativ auf das Entdeckungsjahr der Lagerstätte gelegt. In der Praxis werden die Gesamtvorräte jedoch gelegentlich erst im Ergebnis eines mehr oder minder umfangreichen Erkundungsprozesses bilanzierbar. Aus diesem Bild läßt sich eine Reihe instruktiver Aussagen ableiten, die nachfolgend näher erläutert werden.
Der Ablauf der Exploration kann bezüglich der materiell-technischen Aufwendungen und der damit erzielten Erfolgsraten beim Kohlenwasserstoff-Nachweis in fünf Etappen gegliedert werden:

1. Etappe von 1960—1971

Bereits die erste Bohrung (Staakow 2) im Jahre 1960 wurde erdgasfündig. Die paläogeographische Einstufung dieses wichtigen Fundes in den Plattformhang-Bereich konnte sinnvoll aber erst 20 Jahre später erfolgen (s. u.). Auf der Grundlage der Erfahrungen bei der Exploration in anderen Zechstein-Schelfrändern wurden die Such- und Erkundungsarbeiten auf den mächtigen Karbonatwall am Plattformrand (20 Jahre später als Karbonatsandbarre bezeichnet) und den lagunären Sedimentationsraum ausgerichtet.
Die Sucharbeiten auf die Karbonatwall-Zone führten zwar zu deren regionaler Konturierung, brachten jedoch keine nennenswerten Kohlenwasserstoff-Entdeckungen und wurden deshalb Ende der sechziger Jahre abgebrochen. Im Gegensatz dazu war die Untersuchung lokaler struktureller Hochlagen an der Ca2-Oberfläche mit der sukzessiven Entdeckung einer Reihe kleinerer und mittlerer Erdöl-Erdgas-Lagerstätten im lagunären Sedimentationsraum (Tauer, Döbern, Drebkau, Atterwasch u. a.) von Erfolg gekrönt. Das drückt sich in der Untersuchungsintensität aus. In der Hochphase Mitte der sechziger Jahre wurden zeitweilig mehr als 30 Bohrungen pro Jahr geteuft.
Mit zunehmender Erschöpfung des Fonds an mit Analogseismik nachgewiesenen salinartektonisch geprägten strukturellen Fallen kam zu Beginn der siebziger Jahre auch hier die Suchtätigkeit nahezu zum Erliegen. Weitere Ursachen hierfür waren die ungünstige Entwicklung der Erdölpreise und die Entdeckung einer großen Erdgas-Lagerstätte im Saxon der Altmark, deren Erschließung das gesamte Leistungspotential des Industriezweiges Erdöl-Erdgas erforderte.
Eine deutliche Zäsur im Prospektionsgeschehen stellte das Jahr 1971 dar. Auf der Grundlage einer Analyse, die den damaligen Kenntnisstand detailliert zusammenfaßte, zog man die Schlußfolgerung, daß die Explorationsmöglichkeiten im basalen Zechstein im wesentlichen erschöpft seien. Daraufhin wurde die praktische Suchtätigkeit zeitweilig fast völlig eingestellt.

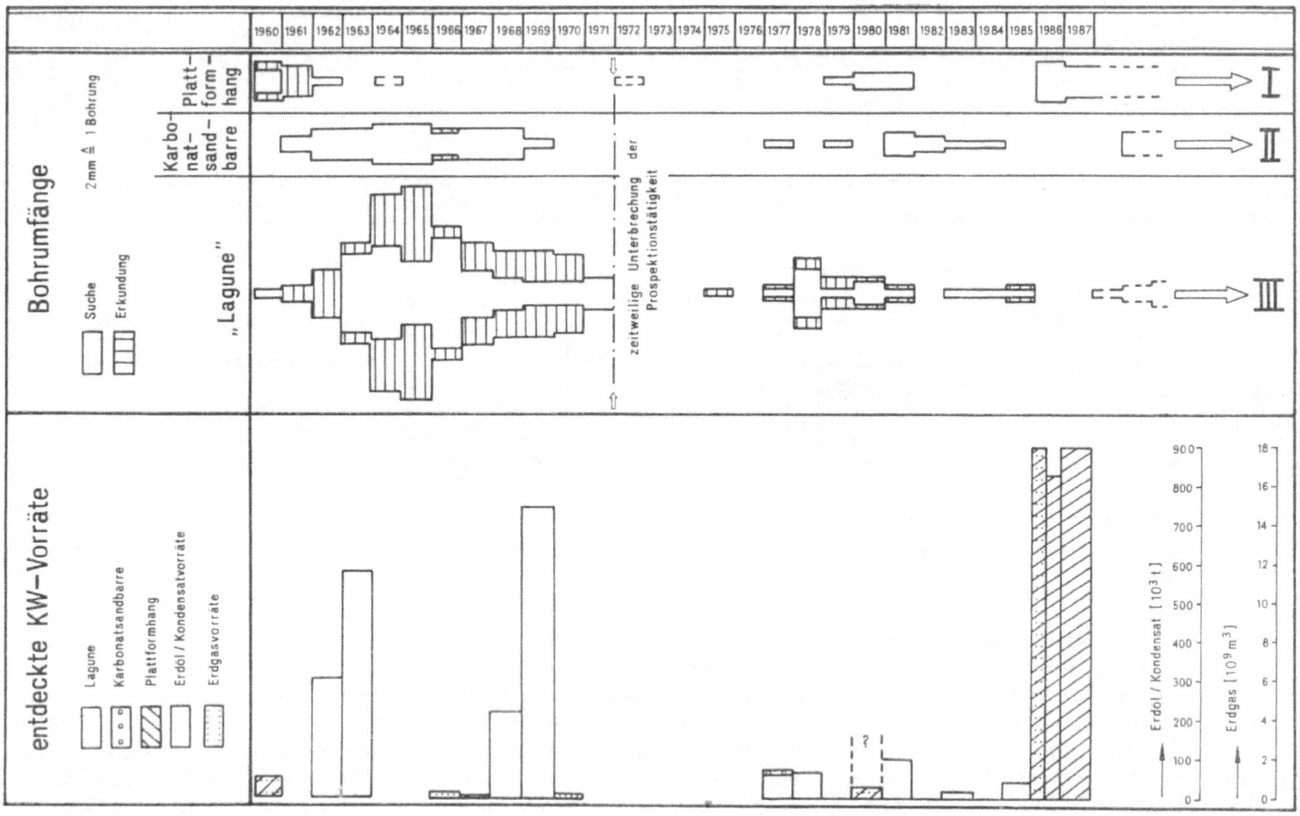

Abb. 1. Entwicklung von Kohlenwasserstoff-Prospektion, Bohraufwand und Vorratsnachweis im Staßfurtkarbonat am Beispiel SE-Brandenburg/Niederlausitz

2. Etappe von 1972–1979

Mit geringen Bohrumfängen wurde in diesem Zeitraum das Restinventar an strukturellen Fallen untersucht. Dies führte zur Entdeckung einiger weniger kleinerer Erdöl-Lagerstätten in der „Lagune" und eines Erdölvorkommens in der Karbonatsandbarre (Mittweide), das wegen seiner exemplarischen Bedeutung nachträglich noch reges Interesse erwecken sollte. Hier liegt der Fall einer diagenetischen Falle vor.

3. Etappe von 1979–1985

Diese Etappe ist wegen der Entwicklung einer Reihe fundamentaler geowissenschaftlicher Thesen und Modelle — wie nachfolgend demonstriert werden soll — und der Heranführung an das international erreichte Niveau in der Karbonatforschung von besonderer Bedeutung.
Die Umsetzung des neu entwickelten Methodeninventars in die Suchpraxis führte nicht sofort zu effizienten Erfolgen. Erst die Erschließung neuer perspektiver Zonen — hier an erster Stelle die Einbeziehung der paläogeographischen Zone des Plattformhanges — und die Ablösung des strukturellen durch das paläomorphologische Suchkonzept bei der Untersuchung der Fallen, das zugleich die optimalere Ausnutzung des Informationsgehaltes digitalseismischer Meßergebnisse beinhaltet, brachte in der nächsten Etappe die erhofften Erfolge. Aber auch in dieser Zeit wurden Kleinlagerstätten entdeckt.

Etappe seit 1985

Nach der Phase der Schaffung eines breiten Forschungsvorlaufes stellten sich Erfolge in der Suche ein (Märkisch-Buchholz, Heringsdorf, Kietz u. a.), die bis in die Gegenwart reichen. Aus der Gegenüberstellung von Explorationsaufwand zu den entdeckten Kohlenwasserstoff-Vorräten läßt sich folgendes ersehen:

- Anfang der achtziger Jahre wurden die Lagerstätten mit den vergleichsweise größten Volumina an Erdgas-Kondensat und Erdöl in dem erstmals als hochperspektiv bewerteten Plattformhangbereich erschlossen.
- Der Lagerstättennachweis gelang mit relativ geringem Umfang an Bohrungen. Der nun auch in der Praxis sichtbare Qualitätssprung drückt sich in erster Linie in einer Erfolgsrate von 40% aus. Weltweit — so wurde 1987 auf dem Welterdölkongreß resümiert — konnte in den siebziger Jahren im Vergleich zu den sechziger Jahren die Erfolgsrate um 4%, von 10% auf 14% gesteigert werden, d. h., daß im Durchschnitt noch immer nur jede 7. Bohrung fündig wird!

Es besteht Klarheit darüber, daß die derzeitige Erfolgsrate angesichts des kurzen Bemessungszeitraumes nicht überbewertet werden darf.
Die Charakterisierung einer zukunftsorientierten 5. Etappe wird in den Schlußfolgerungen erläutert.

Wissenschaftliche Fortschritte zur Effektivitätssteigerung der Suche

Die Bestimmung des Prospektionszieles hängt von der Abwägung der natürlichen Möglichkeiten — insbesondere der Bewertung des Ressourcenpotentials nach Qualität und Quantität — auf der Basis von Erfahrungen und Modellvorstellungen gegen volkswirtschaftliche Interessen und Bedürfnisse ab (Abb. 2). Hierbei kann auch die Welt-Energie- und Rohstoffsituation einen gewissen Einfluß ausüben.
Die 1984 veranlaßte, volkswirtschaftlich determinierte Forderung nach bevorzugter Suche von Erdgas-Lagerstätten im traditionell als ölführend geltenden Ca2 war ein gravierender Einschnitt sowie eine wissenschaftlich-methodische Heraus-

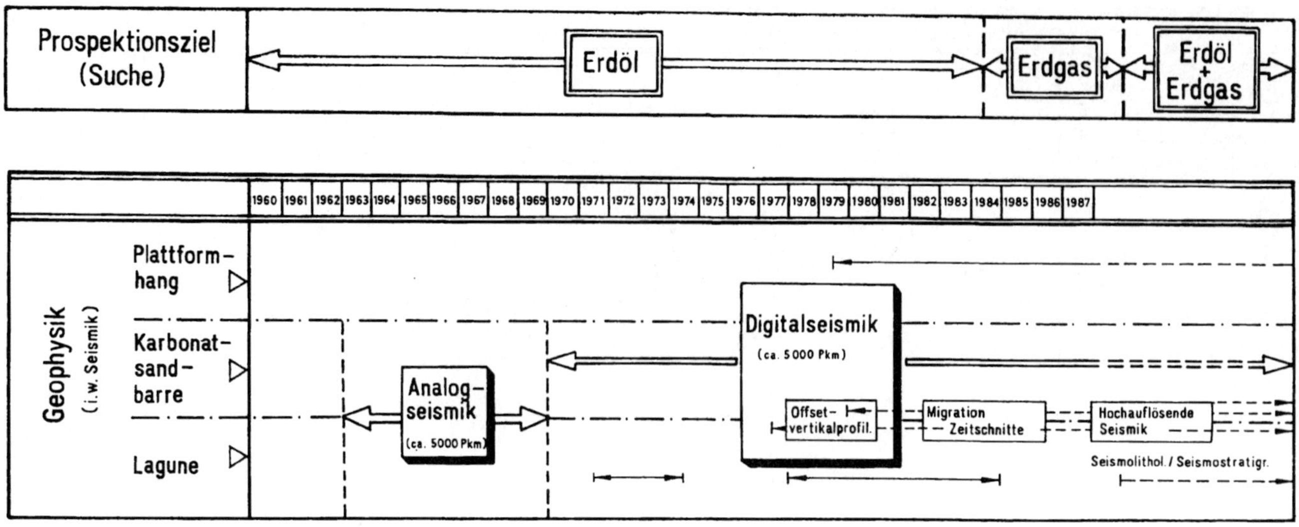

Abb. 2. Prospektionsziel und Entwicklung des Einsatzes rx-seismischer Methoden zur Suchvorbereitung
Pkm – Profilkilometer

forderung. Es sollte damit versucht werden, einen Beitrag zur Substitution des natürlichen Erdgas-Förderabfalles im Saxon der Altmark zu leisten. Daß dafür die geologischen Voraussetzungen bestanden, wurde modellhaft bereits Anfang der achtziger Jahre mit dem erstmaligen Ausweis prognostischer Erdgasvorräte begründet. Die Entdeckung der großen Erdgas-Kondensat-Lagerstätte Märkisch-Buchholz bestätigte diese Konzeption.

Die geophysikalische Vorbereitung von Kohlenwasserstoff-Prospektionsarbeiten wird weltweit — so auch bei uns — nahezu ausschließlich von der Seismik getragen.

Zur Realisierung des strukturell-tektonischen Konzeptes der Fallensuche in den sechziger Jahren lieferte die Analogseismik z. T. befriedigende Ergebnisse.

Mit der Einführung der Digitalseismik im Jahre 1970 trat wegen der nach wie vor anhaltenden Orientierung auf die Suche struktureller Fallen zunächst kein deutlicher Wandel ein.

Dies war erst möglich, nachdem die Fallen im Plattformhangbereich und der Karbonatsandbarren-Zone genetisch als definierte paläomorphologische Fallen bzw. karbonatische Reliefstrukturen wissenschaftlich begründet werden konnten.

Im Jahre 1979 wurde erstmals eine Bohrung (Leibsch 1) auf sogenannte anomale seismische Wellenfelder im Zeitbereich zwischen den zwei Rx-Horizonten (Z_1—Z_3) angesetzt, die den Sedimentkomplex des basalen Zechsteins eingrenzen. Diesem Versuch war sofort Erfolg beschieden. In der Folgezeit wurde diese Konzeption schrittweise ausgebaut und auch die Reflexionen mehr oder weniger lokaler „seismogeologischer Leithorizonte" aus dem Salinar in die Interpretation einbezogen sowie neue Verfahren und Technologien (Offset-Vertikalprofilierung, Migrationswandlung der Zeitschnitte sowie Hochauflösende Seismik zum Eindringen in vormalige Interferenzbereiche und deren Ergebnisinterpretation im Sinne von Seismolithologie/Seismolithostratigraphie u. a.) eingeführt. Damit konnte in den letzten zehn Jahren eine Trefferrate von ca. 80% erreicht werden.

Einige Bemerkungen zur Entwicklung der wissenschaftlich-methodischen Kenntnisse und zu deren Einflüssen auf den Prospektionsprozeß (Abb. 3 und 4):

Zwangsläufig ist hierbei aus der Vielfalt der Thesen und Modelle eine Auswahl zu treffen. Wandlungen in den Auffassungen zur Paläogeographie, Fazies, Sedimentgenese, Diagenese und Speichergeologie im regionalen Rahmen sind häufig mit der räumlichen Erweiterung oder Einengung perspektiver Zonen verbunden. Dies trifft in SE-Brandenburg/Niederlausitz insbesondere für die Bewertung des Plattformhanges zu. Die Übertragung von Erfahrungen aus der Thüringer Senke führte zunächst zu der Annahme (die von 1960 bis 1978 Bestand hatte), daß dieser Hang schmal, steil und ungegliedert sei und somit Fallen in diesem Bereich nicht zu erwarten wären. Einige wenige Bohraufschlüsse schienen dies auch zu stützen. 1979 konnte diese die Perspektivitätsbewertung hemmende Auffassung sowohl mit neuen geologischen als auch geologisch-geophysikalischen Argumenten und Befunden zu o. g. lithofaziellen Kriterien korrigiert werden. Allmählich erweiterten und vertieften sich die Kenntnisse zu einem Bild hoher morphologischer und damit faziell-speichergeologischer Differenziertheit mit einer ganzen Serie potentieller Fallen, von denen sich einige bereits als Kohlenwasserstoff führend erwiesen.

Der Plattformhangbereich in SE-Brandenburg/Niederlausitz wurde nunmehr zum Hauptexplorationsgebiet im Zechstein auf unserem Territorium und ist es bis in die Gegenwart geblieben.

Aus dem Kreis der lithologisch-faziell orientierten Kenntnisentwicklung ist speziell die Einführung karbonatgenetischer Klassifikationsmethoden im Jahre 1980 als bedeutendes Ereignis zu nennen. Auf der Grundlage der Wichtung und Wertung des mikrofaziellen Inventars wurde eine völlige Neuinterpretation durchgeführt (z. B. PISKE & BLESCHERT 1986; PISKE & ZAGORA 1986) und folgendes festgestellt:

1. Beim Ca2 handelt es sich um allochthone Karbonate, deren Genese weder vorwiegend von chemogenen noch biogenen, sondern von quasiklastischen Faktoren kontrolliert wird, die von den Energieverhältnissen im Meerwasser an der Grenzfläche zur sedimentären Unterlage abhängen. Danach können sub-, inter- und supratidale Milieus unterschieden werden.
2. Ihr besonderes Gepräge bezüglich Genese und diagenetischer Veränderung sowie Hohlraumgenese erhalten die Karbonate durch ihre intrasalinare Einbettung.
3. Die Flachwasserkarbonate sind zyklisch aufgebaut (PISKE & SCHRETZENMAYR 1984) und unterliegen in aerischer Exposition dem Einfluß der Atmosphärilien. Damit sind teils tiefgreifende synsedimentäre Lösungsprozesse mit Mikroverkarstung, d. h. wirksame konstruktive Veränderungen des Hohlraumgefüges verbunden.

Die nach der DUNHAM-Klassifikation gegliederten Karbonate können unter Berücksichtigung der Gefüge- und Texturmerkmale und paläoökologischer Befunde zu Standardmikrofazies-Typen im Sinne von FLÜGEL (1978) vereinigt werden, die international gebräuchlichen und erprobten Karbonat-Sedimentationsmodellen — wie dem weltweit anerkannten

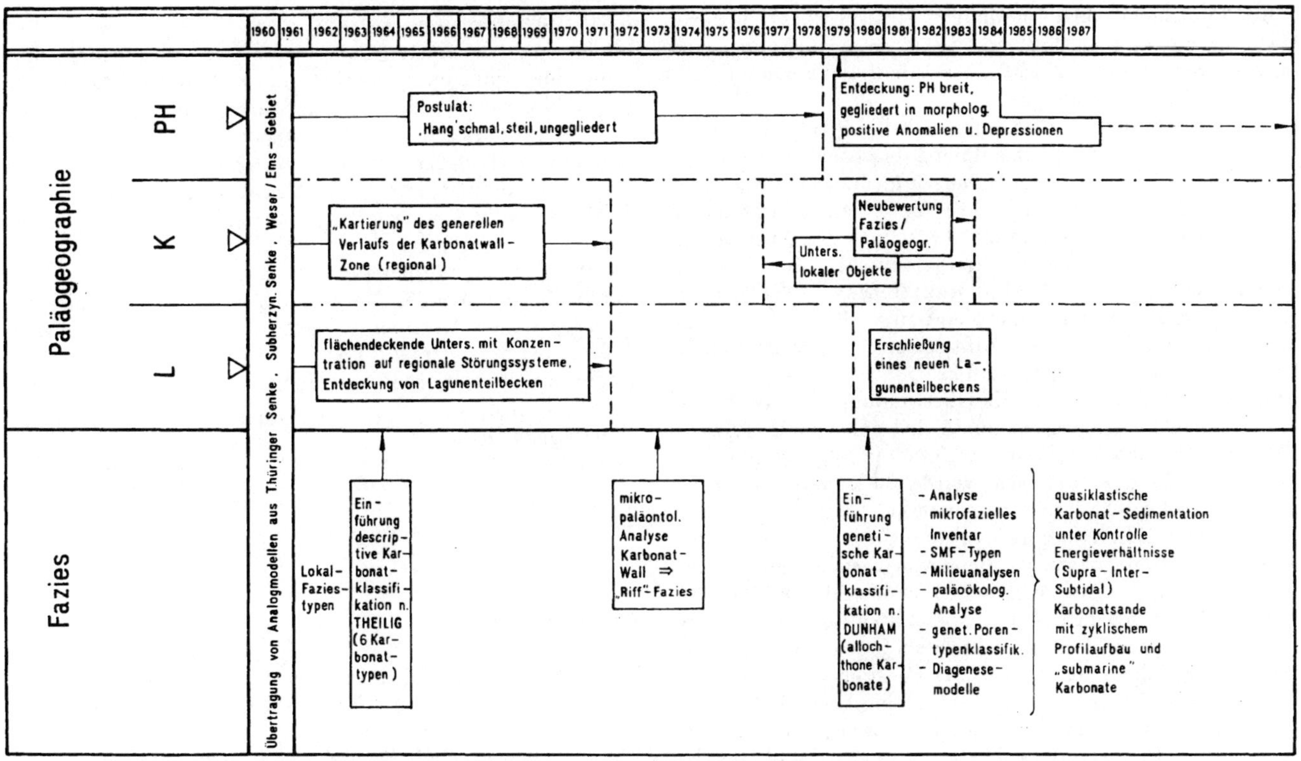

Abb. 3. Entwicklung geologischer und methodischer Erkenntnisse zur Paläogeographie und Fazies des Staßfurtkarbonates
L – „Lagune"; K – Karbonatsandbarre; PH – Plattformhang

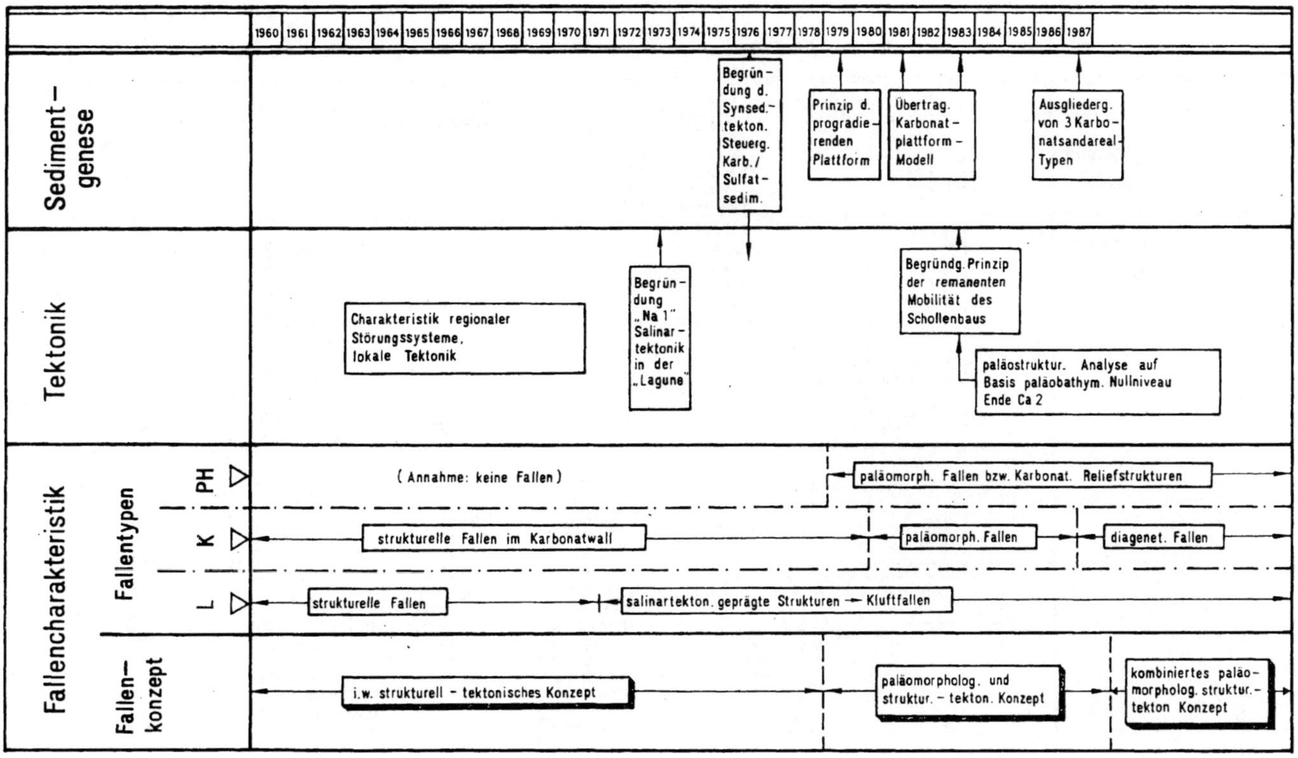

Abb. 4. Entwicklung geologischer und methodischer Erkenntnisse zur Sediment- und Fallengenese sowie zur Tektonik einschließlich Suchmethodik
(Erläuterung s. Abb. 3)

WILSON-Karbonatplattform-Modell — zugeordnet werden. Dies erfolgte hier ab 1981. Insgesamt ermöglicht das eine rasche, problemlose und nahezu zweifelsfreie Verständigung unter den Karbonatgeologen.
Unter den tektonisch orientierten Arbeiten (Abb. 4) soll die Entdeckung des synsedimentär-tektonischen Steuerungsmechanismus der Karbonat-Sulfatsedimentation unter Korrektur der Auffassung vom „anorogenen" Zechstein im Jahre 1976 (ROCKEL & ZIEGENHARDT 1979) und der Ausbau der Konzeption bis zum Prinzip der remanenten Mobilität des Schollenbaues im Jahre 1980 (SCHRETZENMAYR 1981) hervorgehoben werden. Damit konnte eine sinnvolle Erklärung für den hohen morphologischen Differenzierungsgrad am südöstlichen Beckenrand geliefert werden.
Von großer Bedeutung war die Überwindung des strukturell-tektonischen Suchkonzeptes durch das paläomorphologische Konzept in dafür relevanten faziell-paläogeographischen Zonen ab 1979, d. h., die Suche wurde auf kombinierte, meist paläomorphologische Fallen ausgerichtet.
Kritik an der Erstarrung im strukturellen Denken wurde bereits seit Mitte der sechziger Jahre von verschiedenen Seiten — so z. B. von dem sowjetischen Erdölgeologen SEMENOWITSCH (1972) und dem Amerikaner HUBBERT (1966) — bezüglich „invalider" Strukturkriterien" einschließlich der Warnung von deren absehbarer Krise geäußert.
Auch auf dem Gebiet der organischen Geochemie hat es eine erhebliche Dynamik im Erkenntnisprozeß gegeben (Abb. 5). Hier soll als Beispiel auf die These von der „Frühbildung der Kohlenwasserstoffe in Karbonaten" (ZIEGENHARDT) im Jahre 1975 hingewiesen werden. Damit wurde versucht, die Spezifik der Kohlenwasserstoff-Bildung in intrasalinaren Karbonaten gegen das „Durchschnitts"-Tonmodell abzuheben und aus der logischen Kette, daß die Kohlenwasserstoffe vor Abschluß der Karbonatdiagenese in die Karbonatspeicher gelangt sein müssen, auf eine frühe Bildung geschlossen. Dieser vorauseilende Gedankenansatz konnte erst Jahre später mit geochemischen Argumenten untermauert und zeitlich präzisiert werden, u. a. mit der Typcharakteristik des Kerogens in Muttergesteinen des Ca2 und nach Bestimmung einer sehr niedrigen off-structure-Reife bei Entbindung der Kohlenwasserstoffe aus den Muttersubstanzen über die isotopische Charakteristik des Kohlenstoffes der Gase. Derzeit wird über Pyrologger- und rock-eval-Analysen die volumengenetische Abschätzung des Kohlenwasserstoff-Genesepotentials vorbereitet, um die Prognose weiter zu vervollkommnen.
Im Wandel der Perspektivitätsbewertung spiegeln sich die Entwicklungslinien der Thesen und Modelle wie auch die suchpraktischen Ergebnisse wider (Abb. 6). Hervorzuheben sind hierbei besonders die Trends zonaler Gebiete bzw. paläogeographischer Bereiche:

- Der Plattformhangbereich hat eine stetige Höherbewertung der Höffigkeit erfahren.
- Besonders wandelbar waren und sind die Ansichten zur Perspektivität der Karbonatsandbarrenzone. Hierin drückt sich noch eine gewisse Unsicherheit in der Bewertung aus.
- Stets wurde dagegen der „lagunäre" Sedimentationsraum als erdölhöffig betrachtet.

Schlußfolgerungen

Insgesamt wurden bisher im Zechstein auf dem Gebiet der DDR 31 Erdöl- und 15 Erdgas- bzw. Erdgas-Kondensat-Lagerstätten erkundet.
Die Kohlenwasserstoff-Prospektion in den Zechstein-Schelfrändern — und insbesondere im vorgestellten Gebiet SE-Brandenburg/Niederlausitz — ist ein anschauliches Beispiel für die Gestaltung der Explorationstätigkeit in einem Sedimentbecken mit einer Vielzahl kleinflächiger und kompliziert gebauter Fallen, in dem die größten Lagerstätten erst in einem relativ späten Stadium der Erkundungstätigkeit bei hoher „geologischer Infrastruktur" entdeckt wurden. Dies ist einerseits untypisch für Erkundungsabläufe und -historien, stellt aber zugleich optimistische Erwartungen an die künftige

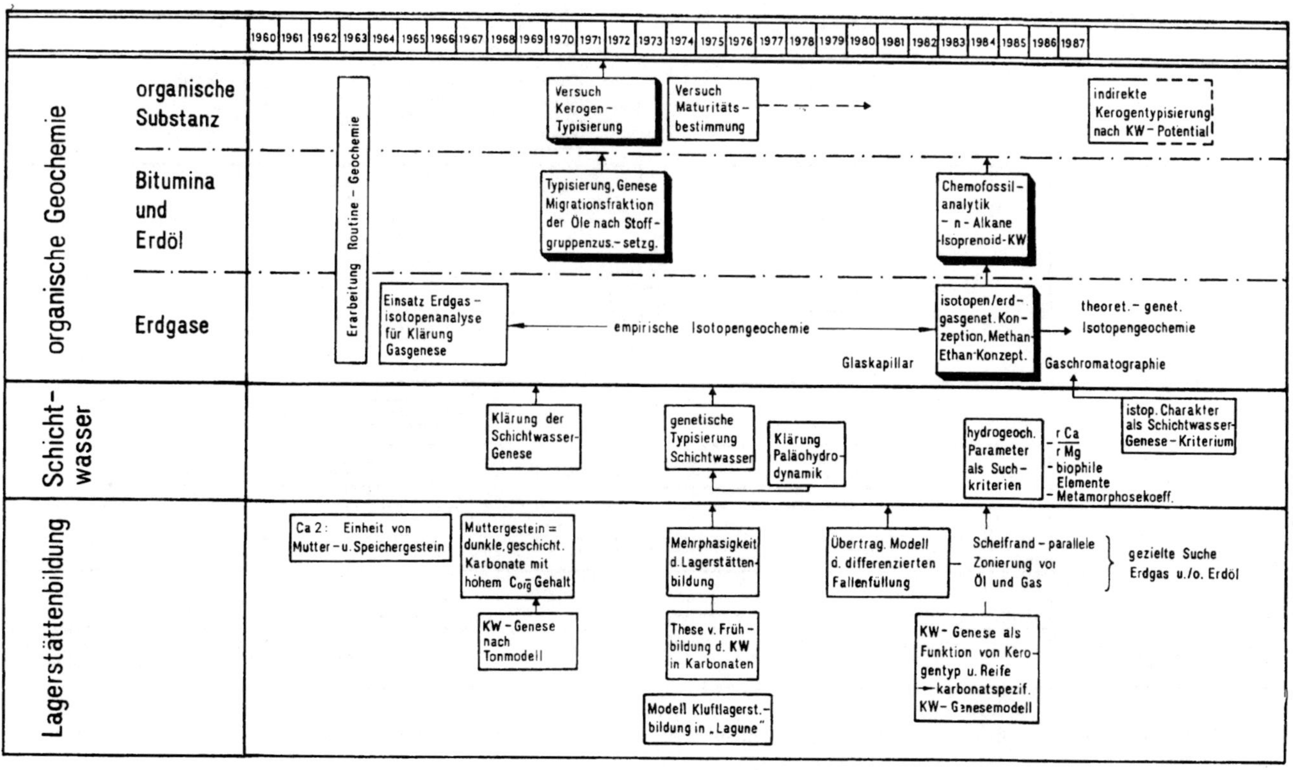

Abb. 5. Entwicklung geologischer und methodischer Erkenntnisse zur Kohlenwasserstoff-Genese und Lagerstättenbildung

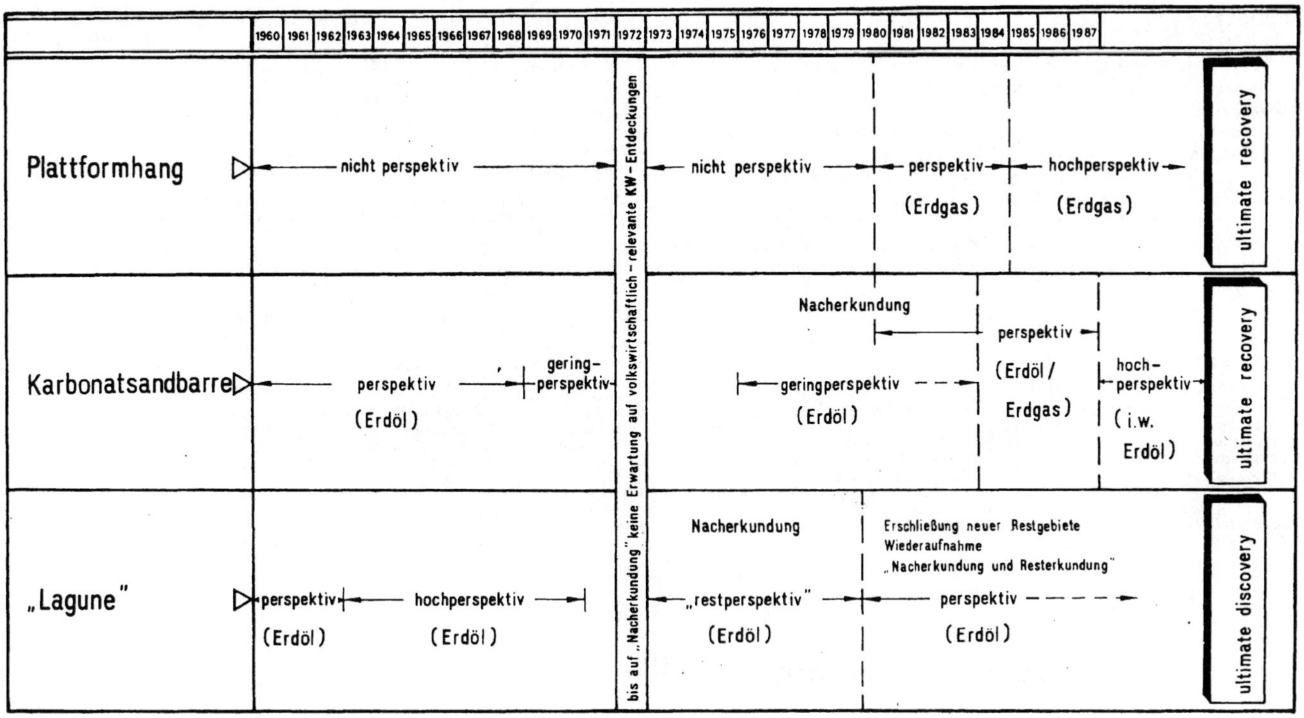

Abb. 6. Entwicklung der Perspektivitätsbewertung nach paläogeographischen Bereichen

Kohlenwasserstoff-Prospektion. Dieses Phänomen hat bereits international reges Interesse erweckt.

Zeitweilige Urteile bezüglich einer Aus- oder gar Überexploration sollten mit kritischer Distanz betrachtet werden. Wenn es — wie vorliegende Historie zeigt — Chancen für eine teilweise oder vollständige Neubewertung geologisch-lagerstättengenetischer Befunde und der Höffigkeitscharakteristik gibt, wenn neue Technologien — insbesondere bei der geophysikalischen Vorbereitung — zur Verfügung stehen, dann sollten die daraus ableitbaren Folgerungen auch in der Praxis auf ihren Realitätsgehalt hin geprüft werden.

Es wurde versucht zu demonstrieren, daß die Erfolge bei der Kohlenwasserstoff-Suche bei erheblich reduzierten Bohrumfängen maßgeblich Ausdruck des erreichten Niveaus der geowissenschaftlichen Vorbereitung sind.

Gegenwärtig ist eine Phase erreicht, in der die Forschung zur Aufklärung des Detailbaues lokaler Objekte und zonaler Einheiten mit geologisch-geophysikalischen Komplexmethoden im Mittelpunkt des Interesses steht. Und natürlich wird, wie in der ganzen Welt, an der Grundsatzfrage der Erdölgeologie gearbeitet, mit welcher Wahrscheinlichkeit eine Falle in bestimmten Teufen überhaupt kohlenwasserstoff-führend sein kann.

Als gangbarer Weg dazu erweist sich die Computersimulation geologischer Teil- und Finalprozesse und deren Synthese in beckenanalytischen Modellen.

Für die zukünftige Kohlenwasserstoff-Exploration folgendes:

— Die Exploration sollte konzeptionell von Bewährtem — u. a. von der strukturell orientierten Nacherkundung in restperspektiven Räumen der „Lagune" — und von Neuem, im wesentlichen der Suche von karbonatischen Reliefstrukturen und diagenetischen Fallen im Plattformhangbereich und der Karbonatsandbarren-Zone ausgehen.
— Auf beiden Wegen geht es um die Näherung an das Endlich-Verfügbare über die Untersuchung des Gesamtinventars an potentiellen paläomorphologischen und/oder strukturellen Fallen.
— Die Exploration sollte also in möglichst vielen perspektiven Zonen mit dem Prospektionsziel: Suche von Erdgas und Erdöl geführt werden.
— Natürlich werden auch in Zukunft volkswirtschaftliche Konditionen und Limite, die Vorgabe von Effektivitätskennziffern u. a. Richtung und Umfang der Arbeiten lenken. Dabei sollte jedoch ein Mindestmaß an Kontinuität sowohl in der Vorlaufforschung mit erfahrenen Bearbeitergruppen als auch in der suchpraktischen Umsetzung gewährt werden. Längerzeitige Unterbrechungen oder diskontinuierliche Arbeiten haben sich erfahrungsgemäß als nachteilig erwiesen.

Zusammenfassung

Aus der dargestellten Explorationsgeschichte der Kohlenwasserstoffe im Zechstein auf dem Territorium der DDR wird gezeigt, daß selbst in gut untersuchten Gebieten — speziell in SE-Brandenburg/Niederlausitz — bei wissenschaftlich fundierter Neubewertung der Höffigkeit sowie Entwicklung neuer Suchmethodiken weitere Lagerstättenfunde möglich sind. Die Effektivitätssteigerung ist direkt von der umfassenden und breiten Weiterentwicklung wissenschaftlicher Grundlagen abhängig. So wurden bei deutlich reduzierten Bohrumfängen die bislang größten Lagerstätten in einem späten Explorationsstadium entdeckt. Wissenschaftsmethodische und wissenschaftsorganisatorische Schlußfolgerungen weisen weiterhin Perspektiven für die Kohlenwasserstoff-Suche im Ca2 auf.

Резюме

На примере изложенной в работе истории разведки углеводородов в цехштейне на территории ГДР показано, что даже в хорошо изученных районах, в частности в юго-восточном Бранденбурге и Нижнем Лаузице, при проведении научно обоснованной переоценки перспектив и при использовании новых методов поисков могут быть найдены новые месторождения. Повышение эффективности находится в прямой зависимости от научно-технического задела. В результате такого подхода на поздних стадиях разведки при сокращенных объемах бурения были открыты наиболее крупные месторождения. Научно-методические и научно-организационные выводы свидетельствуют о перспективах поисков углеводородов в Ca2.

Summary

History of hydrocarbon prospection in Zechstein at the territory of the GDR shows that even in well investigated regions (especially SE-Brandenburg/Niederlausitz) new deposits can be found by scientifically based new interpretation of prospectivity as well as by development of new prospecting methods. Increase of effectiveness directly depends on comprehensive further development of scientifical fundamentals. Thus, the up to now biggest deposits were found in a later exploration stage with significantly reduced quantity of wells. Scientific-methodical and -organizational conclusions hint at further perspectives for hydrocarbon prospection in Ca2.

Literatur (Auswahl)

BLESCHERT, K.-H.: Zusammenhang zwischen Genese, Migration und Akkumulation und den Lagebeziehungen zwischen Paläo- und rezenten Lagern im Staßfurtkarbonat. – Z. geol. Wiss., Berlin 9 (1981) 9, S. 941–964

DEUBEL, F.: Betrachtungen über das Auftreten von Erdöl und Erdgas im Zechstein des Thüringer Beckens. – Geologie, Berlin 3 (1954) 5, S. 804–831

DUNHAM, R. J.: Classification of carbonate rocks according to depositional texture. – Mem. Am. Assoc. Petroleum Geol., Tulsa 1 (1962) S. 108–121

FLÜGEL, E.: Mikrofazielle Untersuchungsmethoden von Kalken. – Berlin: Springer-Verlag 1978

FULDA, E.: Erdöl und Salz. – Z. prakt. Geol., Berlin 28 (1920) S. 144–147

GRUPE, O.: Über die Zechsteinformation und ihre Salzlager im Untergrunde des hannoverschen Eichsfeldes und angrenzender Leinegebiete nach den neueren Bohrergebnissen. – Z. prakt. Geol., Berlin (1909)

– Ist der Hauptdolomit des Mittleren Zechsteins Erdölmuttergestein oder nur Speichergestein? – Kali verw. Salze, Halle 26 (1932) S. 277–282

HEIDORN, E.; SCHLÜTER, H.: Zur Frage der Ölhöffigkeit und Paläogeographie des mittleren Zechsteins. – Kali, Halle (1931) 20

HUBBERT, K. M.: History of petroleum geology and its bearing up onpresent and future exploration. – Bull. Am. Assoc. Petroleum Geol., Tulsa 50 (1966) 12, S. 1954–2518

PISKE, J.; SCHRETZENMAYR, S.: Sedimentationszyklen im Staßfurtkarbonat und ihre Modifikation durch azyklische Vorgänge. – Z. geol. Wiss., Berlin 12 (1984) 1, S. 83–100

PISKE, J.; ZAGORA, K.: Zur Methodik der sedimentologischen Analyse und Interpretation von Karbonatgesteinen. – Z. geol. Wiss., Berlin 14 (1986) 4, S. 499–516

RICHTER-BERNBURG, G.: Über salinare Sedimentation. – Z. Dtsch. Geol. Ges., Hannover 105 (1953/1955) S. 593–646

ROCKEL, W.; ZIEGENHARDT, W.: Strukturelle Kriterien der Lagunenbildung im tieferen Zechstein im Raum südlich Berlin. – Z. geol. Wiss., Berlin 7 (1979) 7, S. 847–860

SCHRETZENMAYR, S.: Remanente Mobilität des Schollenbaus junger Tafelgebiete am Beispiel der Norddeutsch-Polnischen Senke. – Z. geol., Wiss., Berlin 9 (1981) 12, S. 1361–1377

SEMENOWITSCH, W. W.: Über die Richtung des wissenschaftlich-technischen Fortschritts in der Methodik der Suche und Erschließung von Erdöl und Erdgas. – Z. angew. Geol., Berlin 18 (1972) 7, S. 308–312

STUART, M.: Working hypotheses in the geological starch for oil. – Petroleum Technol., Dallas 12 (1926) S. 316

WILSON, J. L.: Carbonate Facies in Geological History. – Berlin–Heidelberg–New York: Springer-Verlag 1975

ZIEGENHARDT, W.: Einige geologische Aspekte zur KW-Frühbildung in Karbonaten. – Z. angew. Geol., Berlin 21 (1975) 11, S. 517–526

Bestimmung des Gaskappenverhältnisses – Problem und Diskussion einer Lösung

LOTHAR BARTHOLOMÄUS, Gommern

Einleitung

Beim Neuaufschluß von Kohlenwasserstoff-Lagerstätten steht der Geologe vor dem schwierigen Problem, die Größe des Gaskappenverhältnisses des jeweiligen Lagers zu bestimmen, denn das Gaskappenverhältnis ist bekanntlich ein wichtiger Parameter für die Berechnung des Öl- und Gasvorrates von Lagerstätten (u. a. BURCIK 1957; PIRSON 1958; AMYX, BASS & WHITING 1960; ŽDANOV 1963; HAVLENA & ODEH 1963). In den Fällen, wo die erste Sonde eines Lagers während der Freiförderung und der Testperiode im wesentlichen nur Gas fördert, könnte bei Kenntnis des jeweiligen Gaskappenverhältnisses durch ökonomische Betrachtungen darüber entschieden werden, ob zwecks besserer Schichtenergieausnutzung und damit höherem Erdöl-Endabgabekoeffizienten noch Bohrungen in den Ölsaum (syngenetisch verbundene Erdölführung) der Lagerstätte abgeteuft werden (bei kleinem Gaskappenverhältnis und ausreichend hohem Ölvorrat) oder man es bei dem Aufschluß der „Gaskappe" beläßt (bei großem Gaskappenverhältnis und kleinem Ölvorrat).

Methoden zur Bestimmung des Gaskappenverhältnisses

Statistische und Materialbilanzmethoden

Das Gaskappenverhältnis kann mit statistischen Methoden aus den gewinnbaren Öl- und Gasvorräten und den erreichbaren Abgabekoeffizienten oder mittels iterativer Materialbilanzmethoden bestimmt werden. Allerdings ist dies, insbesondere bei den statistischen Methoden, erst in einem relativ späten Stadium des Lagerstättenabbaues möglich.

Z-Kriterium

Nach KOROTAEV, STEPANOVA & KRITSKAJA (1974) ist definiert

$$Z = \frac{C_2}{C_3} + \frac{C_1 + C_2 + C_3 + C_4}{C_{5+}}$$

wobei C_1, C_2, C_3, C_4 und C_{5+} die molaren prozentualen Anteile der Komponenten Methan, Äthan, Propan, Butan und Pentan einschließlich höherer Komponenten an der Zusammensetzung des Schichtgasgemisches bedeuten. Diese Methode wurde nach der statistischen Analyse von 25 Erdöl- und 75 Gaskondensatlagern ausgearbeitet.

KOROTAEV, STEPANOVA & KRITSKAJA (1974) geben folgende Bereiche an:

$Z > 450$	Gaslager
$80 < Z < 450$	Gaskondensatlager ohne Erdölsaum
$60 < Z < 80$	Gaskondensatlager mit kleinem Erdöl- oder Kondensatsaum
$15 < Z < 60$	Gaskondensatlager mit Erdölsaum
$7 < Z < 15$	Erdöl-Gaskondensatlager
$Z < 7$	Erdöllager

Nach GALČENKO u. a. (1981) gilt für Gaskondensatlager mit Erdölsaum der Bereich $15{,}5 < Z < 80$. Bei dem Versuch, das Z-Kriterium zur Bestimmung der Gaskappenverhältnisse von Zechstein-Kohlenwasserstofflagern der DDR zu nutzen, wurde festgestellt, daß sich keine sinnvolle Korrelation zwischen dem statistisch bzw. durch Materialbilanzmethoden ermittelten Gaskappenverhältnis und dem Z-Kriterium ergibt. Offensichtlich ist das Z-Kriterium für die Bestimmung der Gaskappenverhältnisse der stickstoffreichen Zechstein-Kohlenwasserstofflager der DDR nicht geeignet. Auch die versuchsweise Einbeziehung des Stickstoffgehaltes änderte nichts an dieser Sachlage.

Korrelationsbeziehungen m ($K1$) bis m ($K7$)

Die Zechsteinerdöle NE-Mecklenburgs und der Lausitz weisen in der Zusammensetzung und den Eigenschaften nur relativ geringe Unterschiede auf. Sie besitzen einen paraffinbasischen Charakter. Gas, das im Kontakt mit Erdöl steht bzw. stand, ist entsprechend den Partialdrücken mit Kohlenwasserstoffkomponenten aus dem Erdöl angereichert. Auf Grund des annähernd einheitlichen Charakters der oben genannten Zechstein-Erdöle müßte sich diese Anreicherung um so stärker bemerkbar machen, je größer das Volumen des Erdölsaumes im Verhältnis zum Gaskappenvolumen ist.

Eingang des Manuskripts in der Redaktion: 5. 2. 1990

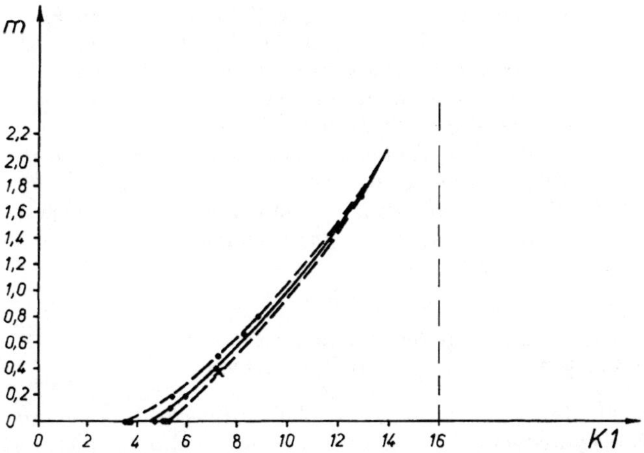

Abb. 1. Abhängigkeit der Gaskappenverhältnisse der Zechstein-Kohlenwasserstofflager NE-Mecklenburgs und der Lausitz vom Korrelationskriterium $K1$

$$K1 = \frac{n_{N_2} + n_{C_1}}{n_{C_2}} = \frac{K4}{K3}$$

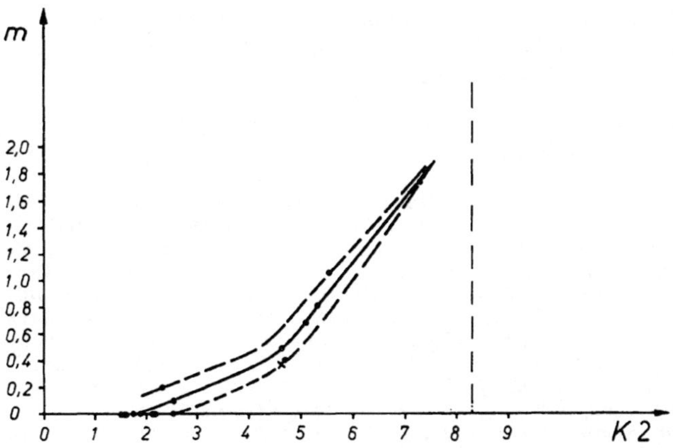

Abb. 2. Abhängigkeit der Gaskappenverhältnisse der Zechstein-Kohlenwasserstofflager NE-Mecklenburgs und der Lausitz vom Korrelationskriterium $K2$

$$K2 = \frac{n_{N_2} + n_{C_1}}{n_{C_2} + n_{C_3} + n_{C_4}} = \frac{K4}{K7}$$

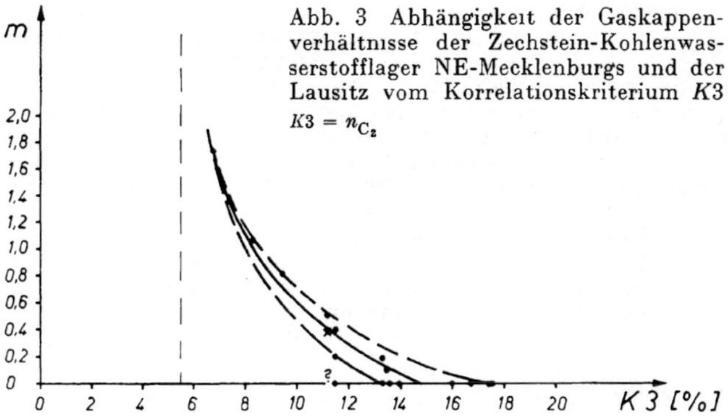

Abb. 3 Abhängigkeit der Gaskappenverhältnisse der Zechstein-Kohlenwasserstofflager NE-Mecklenburgs und der Lausitz vom Korrelationskriterium $K3$

$$K3 = n_{C_2}$$

Also müßte es möglich sein, anhand der Zusammensetzung des initial geförderten Gases auf das Gaskappenverhältnis der Zechstein-Kohlenwasserstofflager NE-Mecklenburgs und der Lausitz zu schließen, unter der Voraussetzung, daß Gaskappe und Erdölsaum eine hydrodynamische Einheit darstellen, d. h., nach der Genese keine Abtrennung eines Teiles der Gaskappe oder des Ölsaumes erfolgte.

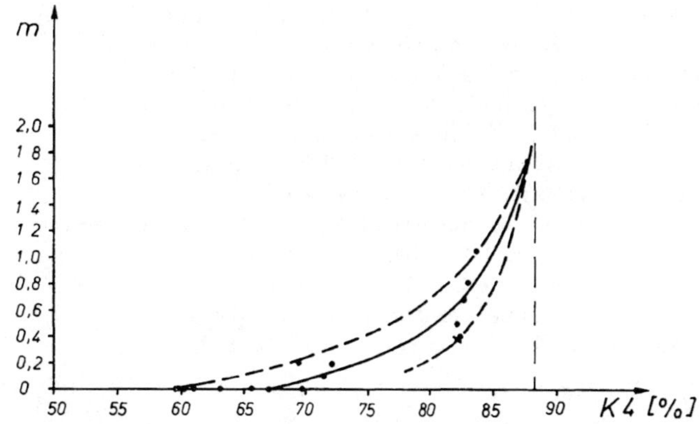

Abb. 4. Abhängigkeit der Gaskappenverhältnisse der Zechstein-Kohlenwasserstofflager NE-Mecklenburgs und der Lausitz vom Korrelationskriterium $K4$

$$K4 = n_{N_2} + n_{C_1}$$

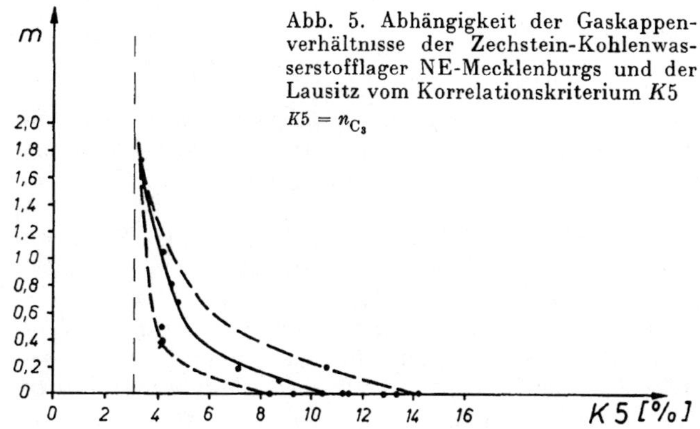

Abb. 5. Abhängigkeit der Gaskappenverhältnisse der Zechstein-Kohlenwasserstofflager NE-Mecklenburgs und der Lausitz vom Korrelationskriterium $K5$

$$K5 = n_{C_3}$$

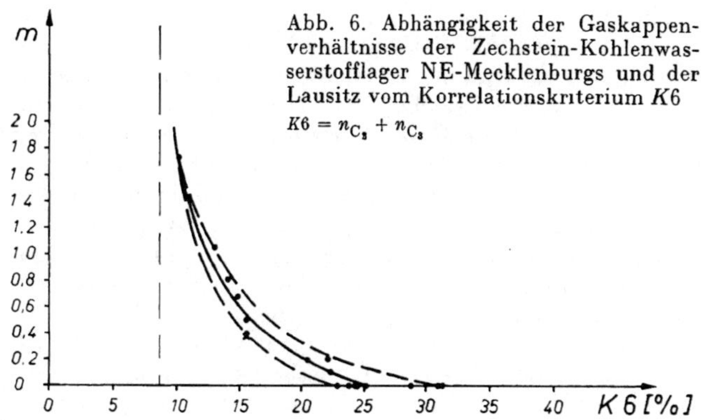

Abb. 6. Abhängigkeit der Gaskappenverhältnisse der Zechstein-Kohlenwasserstofflager NE-Mecklenburgs und der Lausitz vom Korrelationskriterium $K6$

$$K6 = n_{C_3} + n_{C_4}$$

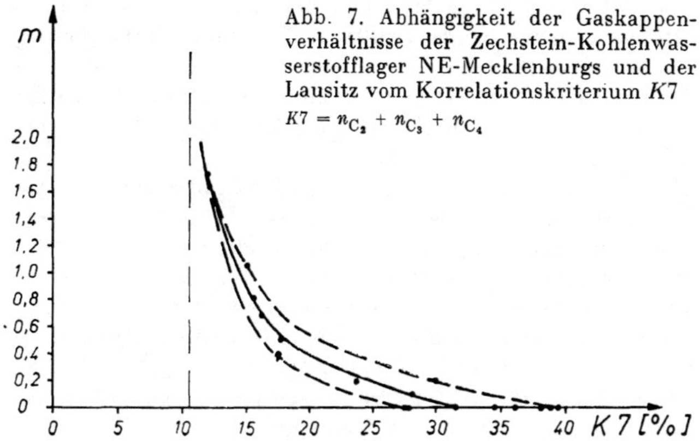

Abb. 7. Abhängigkeit der Gaskappenverhältnisse der Zechstein-Kohlenwasserstofflager NE-Mecklenburgs und der Lausitz vom Korrelationskriterium $K7$

$$K7 = n_{C_2} + n_{C_3} + n_{C_4}$$

Es wurde deshalb versucht, statistische Korrelationsbeziehungen zwischen Einzelkomponenten sowie Komponentenkombinationen des initial geförderten Gases und dem statistisch bzw. mit Materialbilanzmethoden bestimmten Gaskappenverhältnis von 22 Kohlenwasserstofflagern NE-Mecklenburgs und der Lausitz aufzustellen. Hierbei wurde auf eine Vielzahl von Kriterien orientiert — in unserem Falle 25 —, da im allgemeinen die Aussagesicherheit mit der Anzahl der verwendungsfähigen Korrelationsbeziehungen steigt. Von den untersuchten Kriterien ließen sich immerhin noch folgende sieben mit dem Gaskappenverhältnis der Zechstein-Kohlenwasserstofflager NE-Mecklenburgs und der Lausitz korrelieren:

$$K1 = \frac{n_{N_2} + n_{C_1}}{n_{C_2}} \quad \text{(Abb. 1)}$$

$$K2 = \frac{n_{N_2} + n_{C_1}}{n_{C_2} + n_{C_3} + n_{C_4}} \quad \text{(Abb. 2)}$$

$$K3 = n_{C_2} \quad \text{(Abb. 3)}$$

$$K4 = n_{N_2} + n_{C_1} \quad \text{(Abb. 4)}$$

$$K5 = n_{C_3} \quad \text{(Abb. 5)}$$

$$K6 = n_{C_2} + n_{C_3} \quad \text{(Abb. 6)}$$

$$K7 = n_{C_2} + n_{C_3} + n_{C_4} \quad \text{(Abb. 7)}$$

wobei n_{C_1}, n_{C_2}, n_{C_3}, n_{C_4} und n_{N_2} die prozentualen Volumenanteile der Komponenten Methan, Äthan, Propan, Butan und Stickstoff an der Zusammensetzung des initial geförderten Gasgemisches bedeuten.

Auf die Bedeutung der Summe der Komponenten Stickstoff und Methan wurde bereits von WEINLICH (1989) verwiesen, allerdings in einem anderen Zusammenhang.

Auf Grund dessen, daß zur Ermittlung der zwischen dem Gaskappenverhältnis und den oben genannten Kriterien bestehenden Abhängigkeit zur Zeit noch relativ wenig statistisches Material vorliegt, ist es erforderlich, die in den Abb. 1 bis 7 dargestellten Korrelationsbeziehungen an weiteren Zechstein-Kohlenwasserstofflagern NE-Mecklenburgs und der Lausitz zu überprüfen und gegebenenfalls zu präzisieren. Für die Bestimmung des Gaskappenverhältnisses mit den Kriterien $K1$ bis $K7$ sind nur die Analysen des initial geförderten Gases der Lager verwendbar. Aus diesem Grund werden im wesentlichen nur die Gasanalysen der ersten zwei bis drei Fördermonate nach Inbetriebnahme der ersten Sonde des jeweiligen Lagers genutzt (Periode der Freiförderung und des Testes bzw. Testbeginns). Analysen von Ringraum- und Tiefproben, von Kern- und Spülungsdegasierungen sowie von Nachentgasungen werden hierbei ausgeklammert, da sie oftmals stark abweichende Ergebnisse liefern.

Das Gaskappenverhältnis erhält man durch arithmetische Mittelung der mit den Korrelationsbeziehungen m_1 ($K1$) bis m_7 ($K7$) bestimmten Werte. Auf diese Weise werden die Gaskappenverhältnisse der 22 Zechstein-Kohlenwasserstofflager der DDR berechnet und die Abweichung von den statistisch bzw. mit Materialbilanzmethoden bestimmten Gaskappenverhältnissen dieser Lager ermittelt. Die Abweichung betrug maximal $\pm 0{,}1$.

Am Beispiel von zwei Lagern soll an dieser Stelle nochmals die Bedeutung einer frühzeitigen Kenntnis des Gaskappenverhältnisses begründet werden.

Die erste Sonde des ersten Lagers förderte initial nur Gas. Da kein örtlicher Abnehmer gefunden wurde und die Förderleistung relativ gering war, sollte die Sonde verfüllt werden.

Mit heutigem Kenntnisstand kann anhand der Zusammensetzung des initial geförderten Gases (Freiförderung, Test) auf ein Gaskappenverhältnis von annähernd 1 geschlossen werden, wonach unter Einbeziehung der Testergebnisse (Gasvorrat) ein relativ großer Ölsaum und damit eine wirtschaftliche Erdölförderung zu erwarten waren.

Die erste Sonde des zweiten Lagers förderte während Freiförderung und Test ebenfalls nur Gas. Zur Erkundung bzw. Erschließung des Ölsaumes wurde eine weitere Bohrung abgeteuft. Später wurde Gas aus diesem Lager in ein benachbartes Lager übergeleitet. Eines der Ziele dieser Gasüberleitung bestand darin, den „Umschlag" auf Erdölförderung zu erreichen. Mit jetzigem Kenntnisstand ist anhand der Analysen des initial geförderten Gases abzuleiten, daß das Gaskappenverhältnis des Lagers gegen unendlich strebt, der Ölsaum also vernachlässigbar klein ist.

Orientierungsmäßige Bestimmung des Gaskappenverhältnisses — Beispielrechnungen

Unter den Voraussetzungen, daß Gaskappe und Erdölsaum eine hydrodynamische Einheit darstellen und die Erdöle der jeweiligen Lager bezüglich Zusammensetzung und Eigenschaften den bisher untersuchten Erdölen ähneln, ist es mit den Korrelationsbeziehungen m_1 ($K1$) bis m_7 ($K7$) möglich, das Gaskappenverhältnis von weiteren Zechstein-Kohlenwasserstofflagern NE-Mecklenburgs und der Lausitz anhand der Analysen des initial geförderten Gases orientierungsmäßig zu bestimmen, was für 11 Lager vorgenommen wurde. Unter Berücksichtigung der maximalen Abweichung von $\pm 0{,}1$ erhält man dann die Erwartungsbereiche für das Gaskappenverhältnis dieser Lager.

Zusammenfassung

Es werden statistische Korrelationsbeziehungen zwischen Einzelkomponenten sowie Komponentenkombinationen des initial geförderten Gases und dem statistisch bzw. mit iterativen Materialbilanzmethoden bestimmten Gaskappenverhältnis von Zechstein-Kohlenwasserstofflagern NE-Mecklenburgs und der Lausitz aufgestellt. Mit den Korrelationsbeziehungen können die Gaskappenverhältnisse dieser Lager berechnet werden. Die Abweichung zwischen berechnetem und wahrscheinlichem Gaskappenverhältnis betrug maximal $\pm 0{,}1$. Es ist erforderlich, diese Korrelationsbeziehungen an weiteren Zechstein-Kohlenwasserstofflagern NE-Mecklenburgs und der Lausitz zu überprüfen und gegebenenfalls zu präzisieren.

Резюме

Для месторождений углеводородов северо-восточного Мекленбурга и Лаузица были выявлены статистические корреляционные связи между отдельными компонентами и комбинациями компонентов в первоначальном составе добываемого газа и отношением начального объема газовой шапки к начальному объему нефти при пластовых условиях, определенным с помощью статистических и итеративных методов баланса флюидов. С помощью этих корреляционных связей существует возможность расчетного определения отношения начального объема газовой шапки к начальному объему нефти для вышеуказанных месторождений. Расхождения между расчетными и вероятными величинами имели максимальную величину $\pm 0{,}1$. Необходимо в дальнейшем проверить и в случае необходимости уточнить выявленные корреляционные соотношения и для других месторождений углеводородов северо-восточного Мекленбурга и Лаузица.

Summary

Statistical correlation relations are presented between individual components as well as such ones of the initially produced gases and the original gas-cap ratio of Zechstein hydrocarbon deposits of NE-Mecklenburg and of the Lausitz region which was determined statistically or using iterative material balance methods. The original gas-cap ratios of these deposits can be calculated using correlation relations. The maximum deviation between calculated and probable original gas-cap ratios was ± 0.1. These correlation relations must be checked for further Zechstein hydrocarbon deposits of NE-Mecklenburg and of the Lausitz region and, if necessary, they must be precised.

Literatur

AMYX, J. W.; BASS, D. M. Jr.; WHITING, R. L.: Petroleum Engineering. – New York et al.: McGraw-Hill 1960, 610 S.

BURCIK, E. J.: Properties of Petroleum Reservoir Fluids. – New York: John Wiley & Sons, 1957, 190 S.

GALČENKO, V. A. u. a.: Nekotorye fiziko-chimičeskie osobennosti gazokondensatnych i neftjanych zaležej. – Tr. VNIGNI 229 Moskva (1981), S. 155–163

HAVLENA, D.; ODEH, A. S.: The Material Balance as an Equation of a Straight Line. – Trans. AIME 228, Dallas (1963) 8, S. 896–900

KOROTAEV, J. P.; STEPANOVA, G. S.; KRITSKAJA, S. L.: Klassifikacija gazovych, gazokondensatnych i neftjanych mestoroždenij po sostavu plastovoj smesi. – Gaz. prom., Moskva (1974) 9, S. 23–24

PIRSON, S. J.: Oil Reservoir Engineering. – New York et al.: McGraw-Hill 1958, 735 S.

WEINLICH, F. H.: Die stickstoffgesteuerte differenzierte Entlösung der freien Gase des Zechsteins. – Z. geol. Wiss., Berlin 17 (1989) 2, S. 97–111

ŽDANOV, M. A.: Methoden der Berechnung von Lagerstättenvorräten an Erdöl und Erdgas – Berlin: Akad. Verl. 1963, 172 S.

Genetische Zuordnung von Beckenbildungsmodellen zur Entstehung der Norddeutsch-Polnischen Senke

BERND RIEMSCHNEIDER, Leipzig

Einleitung

In Ozeanen und auf Kontinenten, den beiden übergeordneten Elementen der Erdkruste sowie in deren Randbereichen existieren verschiedene Typen von Senkungsstrukturen. Die Sedimentbecken der Erdkruste erlangen in zunehmendem Maße Bedeutung, da sie gewaltige Rohstofflagerstätten beherbergen. Dazu zählen nicht nur Kohlenwasserstoff-Lagerstätten, sondern auch feste mineralische Rohstoffe. Um die Mineralressourcen der Sedimentbecken umfassend aufzuschließen, ist es notwendig, deren Struktur, Genese und stoffliche Zusammensetzung möglichst lückenlos zu erforschen. Dazu ist eine umfassende Kenntnis der physikalischen Prozesse und der geophysikalischen Bedingungen, die während der Entwicklung der Becken stattgefunden bzw. geherrscht haben, Voraussetzung.

Die mathematische Abstraktion dieser Prozesse und Vorgänge führt zu mathematischen Beckenbildungsmodellen. Die Leistungsfähigkeit einiger ausgewählter Modelle soll anhand umfangreichen Datenmaterials des durch die DDR verlaufenden Teilgebietes der Norddeutsch-Polnische Senke geprüft und somit eine Aussage darüber getroffen werden, durch welches Modell diese Senke hinreichend beschrieben wird.

Mathematische Beckenbildungsmodelle

Für die folgenden Berechnungen, die das Ziel der mathematischen Modellierung des Senkungsablaufes der Norddeutsch-Polnischen Senke verfolgen, wurde angenommen, daß ihre Entwicklung vor etwa 300 Mill. Jahren begann. Für diesen Zeitraum liegen relativ gut gesicherte Angaben für das Gebiet der Senke hinsichtlich Sediment-, Lithosphären- und Krustenmächtigkeiten sowie anderer rheologischer Parameter vor.

Dies bedeutet aber nicht, daß bis zum Zeitabschnitt des Rotliegenden keine initialen Senkungsanlagen (z. B. Gräben) existiert hätten. Bezüglich der Entwicklung, die die Norddeutsch-Polnische Senke während der letzten 300 Mill. Jahre durchlaufen hat, unterscheiden JUBITZ, SCHWAB & TESCHKE (1981) und SCHWAB (mdl. Mitt.) vier Entwicklungsstadien, die zeitgleich mit der Entwicklung des Deckgebirges verlaufen.

Es sind dies:

- *Anfangsetappe* (Stefan – Autun): infolge angreifender Dehnungsspannungen erfolgen Lithosphären- und Krustenausdünnungen mit nachfolgend aufsteigendem heißen asthenosphärischen Material in die Lithosphäre. Als Folge davon kommt es zu Aufwölbungen der Kruste, Bruchbildung über den Aufwölbungen, Grabenbildungen, begrenzter Sedimentation und Absenkungserscheinungen mit Raten von durchschnittlich 100 m/Mill. a.
- *Hauptabsenkungsetappe* (Saxon – Mittlere Trias): auf Grund des Zerfalles der thermischen Störung kühlt sich die Kruste ab; es erfolgt eine thermische Kontraktion und mithin eine Absenkung. Die Sedimentation geht relativ schnell vonstatten, besonders von 265 bis 250 Mill. a. Die Absenkungsgeschwindigkeit beträgt durchschnittlich ca. 80 bis 100 m/Mill. a.
- *Differenzierungsetappe* (Obertrias – Unterkreide): hier sind erneut Absenkungsprozesse zu registrieren, die durch tektonische Einflüsse von außen (wahrscheinlich aus dem Bereich des Atlantiks und/oder der Tethys) hervorgerufen werden. Es findet ein Wechsel zwischen schnellen und langsamen Absenkungsraten statt. Die Sedimentationsraten bzw. Absenkungsgeschwindigkeiten betragen durchschnittlich 20 bis 40 m/Mill. a.
- *Stabilisierungsetappe* (Alb – Neogen): vor allem in der Oberkreide nimmt die Absenkungsrate zu (durchschnittlich ca. 10 bis 20 m/Mill. a). Die tektonischen Ursachen für diese Bewegungen sind unbekannt.

Es kommt nun darauf an, für den entsprechenden Zeitabschnitt dasjenige Modell zu finden, dessen Voraussetzungen am besten mit den im betreffenden Zeitabschnitt stattgefundenen tektonischen Ereignissen vereinbar sind. Auf Grund der vorgenannten Eigenschaften und Merkmale der Norddeutsch-Polnischen Senke können folgende Modelle zur mathematischen Beschreibung der gesamten bzw. partiellen Entwicklungsstadien der Senke herangezogen werden (RIEMSCHNEIDER 1988):

- das Modell von MCKENZIE (1978) sowie das Modell von JARVIS & MCKENZIE (1980),
- das Modell von GARNER & TURCOTTE (1984) und von TURCOTTE & EMERMAN (1983),
- das Modell von SLEEP & SNELL (1976).

Da einige dieser Modelle die Wirkung der Sedimentauflast nicht berücksichtigen, wurde zusätzlich das Modell von TURCOTTE, BIRD & HAXBY (1976) herangezogen. Eine ausführliche Beschreibung, mathemathische Darstellung und Diskussion dieser Modelle wurde von RIEMSCHNEIDER (1986) gegeben.

Für den ersten Zeitabschnitt (Stefan–Autun, 300 bis 265 Mill. a) wurden die Gleichungen der Modelle von MCKENZIE (1978) und von JARVIS & MCKENZIE (1980), GARNER & TURCOTTE (1984) und von TURCOTTE & EMERMAN (1983) benutzt, die das initiale bzw. synextensionale Absinken beschreiben. Dieses Absinken setzt das Wirken von Dehnungsspannungen voraus, dem ein Aufsteigen von heißem, asthenosphärischen Material in die Lithosphäre folgt, so daß Kruste und Lithosphäre gedehnt bzw. ausgedünnt werden. Als Folge davon kommt es zu Absenkungserscheinungen, die mit Bruch- und Grabenbildung einhergehen. Genau diese Ereignisse haben aber im Abschnitt von Stefan bis Autun stattgefunden, so daß die Anwendung der o. g. Modelle partiell gerechtfertigt ist. Für den zweiten Zeitabschnitt (Saxon–Mittlere Trias, 265 bis 210 Mill. a) wurden das Modell von SLEEP & SNELL (1976) sowie die Teilabschnitte der Modelle von MCKENZIE, JARVIS & MCKENZIE, GARNER & TURCOTTE, TURCOTTE & EMERMAN benutzt, die thermisch bedingtes Absinken beschreiben. Dieses Absinken wird durch thermisch bedingte Kontraktion infolge des Zerfalls der thermischen Störung mit nachfolgender Abkühlung des nach oben gedrungenen heißen, asthenosphärischen Materials hervorgerufen. Im vorgenannten Zeitabschnitt

Eingang des Manuskripts in der Redaktion: 7. 12. 1989

haben nachweisbar aber gerade Absenkungen infolge thermischer Kontraktion stattgefunden, so daß sich die Anwendung der o. g. Modelle anbietet.

Für den dritten und vierten Zeitabschnitt (Obertrias—Unterkreide), 210 bis 100 Mill. a und Alb—Neogen, 100 bis ca. 0 Mill. a) sind alle vorgenannten Modelle versuchsweise zur Anwendung gebracht worden, obwohl die ursächlichen Antriebsmechanismen für die Absenkungserscheinungen während der o. g. Zeitabschnitte nicht genau bzw. gar nicht bekannt sind. Es sollte herausgefunden werden, ob eines der vorgenannten Modelle akzeptable Ergebnisse, die mit der geophysikalischen Realität vereinbar sind, liefert.

Die Berechnungen beziehen sich einmal auf eine Fläche mit einem Radius von $r = 50$ km um Rheinsberg. Dieses Gebiet wurde ausgewählt, weil es annähernd im geometrischen Mittelpunkt des durch die DDR verlaufenden Teilgebietes der Norddeutsch-Polnischen Senke liegt. Des weiteren wurde durch den N-Teil der Senke ein Profilschnitt in NE—SW-Richtung gelegt, mit dem Mittelpunkt bei Goldberg (Bez. Schwerin).

Dieser Schnitt berührt im Südwesten Salzwedel (südwestlicher Endpunkt) und im Nordosten etwa die Stubbenkammer auf Rügen (nordöstlicher Endpunkt).

Um Absenkungsberechnungen durchführen zu können, müssen u. a. initiale Lithosphären- und Krustenmächtigkeiten bekannt sein. Die Lithosphärenmächtigkeiten wurden zu 80, 100 und 120 km angenommen, da sie nach der variszischen Faltung im Gebiet der Norddeutsch-Polnischen Senke mit hoher Wahrscheinlichkeit kleiner als 130 km gewesen sein müssen (SCHWAB mdl. Mitt.). Die Krustenmächtigkeit ist für alle Lithosphärenmächtigkeiten mit 23 km angenommen worden. Des weiteren wurden folgende Parameter verwendet:

Dichte der Kruste $\varrho_C = 2{,}75$ g/cm³
Dichte des Mantels $\varrho_M = 3{,}33$ g/cm³
Dichte des Wassers $\varrho_W = 1{,}00$ g/cm³
(alle nach PARSON & SCLATER 1977)
Sedimentdichte $\varrho_S = 2{,}46$ (Mittelwert nach KOPF 1976)
thermischer Ausdehnungskoeffizient $\alpha = 3 \cdot 10^{-5}$/K (KOPF 1976)
Temperatur der Asthenosphäre $T = 1300\,°C$ (LAUTERBACH 1975)
Temperaturleitfähigkeit $K = 0{,}0064$ cm²/s (BOTT 1971)
Elastizitätsmodul $E = 6 \cdot 10^{11}$ dyn/cm² (WATTS & RYAN 1976)
Scherviskosität der Lithosphärenplatte $\eta = 10^{23}$ P, 10^{24} P und 10^{25} P
Dichteunterschied von Asthenosphäre und Sediment: $\Delta\varrho = 0{,}71$ g/cm³ (SLEEP & SNELL 1976).

Diskussion der Ergebnisse

Zeitabschnitt 300 bis 265 Mill. Jahre

Gebiet um Rheinsberg:

Das Modell von MCKENZIE liefert für eine anfängliche Lithosphärenmächtigkeit von 120 km und einen Dehnungsfaktor $\beta = 1{,}6$ senkrecht zur Streichrichtung der Norddeutsch-Polnischen Senke eine Absenkung von 1271 m gegenüber einer tatsächlichen Absenkung von 1250 m. Dies ist eine ausgezeichnete Übereinstimmung. Für eine Lithosphärenmächtigkeit von 100 km und ein $\beta = 1{,}35$ erhält man eine Absenkung von 1284 m. Dies ist ebenfalls eine sehr gute Übereinstimmung. Für eine Lithosphärenmächtigkeit von 80 km wird für kein β ein Absenkungsbetrag erreicht, der in der Nähe von 1250 m liegt. Mit Hilfe des Modells von TURCOTTE & EMERMAN läßt sich für jede Lithosphärenmächtigkeit der tatsächliche Absenkungsbetrag berechnen. Die Ursachen dafür liegen im Modell selbst, das von unterschiedlicher Ausdünnung von Lithosphäre und Kruste, gekennzeichnet durch die Ausdünnungsfaktoren β_L und β_C, ausgeht. Durch entsprechende Kombinationen beider Ausdünnungsfaktoren kommt die Übereinstimmung des berechneten und des tatsächlichen Absenkungswertes zustande. Werte für β_L von 0,7 bis 0,9 scheinen realistisch zu sein, da die Lithosphäre durch die Ausdünnung um 30% bis 10% dünner geworden ist.

Damit würde sich auch die vorausgesetzte Lithosphärenmächtigkeit von 80 km, wie schon im Fall der MCKENZIE-Modelle, als zu gering erweisen. Nach der Ausdünnung wäre die Mächtigkeit von 80 km auf 56 km bzw. 72 km zurückgegangen. Dies scheint zu gering zu sein, auch in Anbetracht der Tatsache, daß sich durch Abkühlung die Mächtigkeiten der Lithosphäre und der Kruste wieder erhöhen.

Profilschnitt durch den NW-Teil der NPS:

Die MCKENZIE-Modelle liefern eine gute Übereinstimmung der berechneten Absenkungswerte mit den tatsächlichen. Die beste Übereinstimmung wird für Lithosphärenmächtigkeiten von 100 km und 120 km erzielt. Die Abweichungen für beide Lithosphärenmächtigkeiten liegen zwischen 0,4% und 25% für Dehnungsfaktoren $\beta = 1{,}1$ bis 1,7 (Lithosphärenmächtigkeit 120 km) und $\beta = 1{,}1$ bis 1,45 (Lithosphärenmächtigkeit 100 km) je nach Beobachtungsort. Für eine Lithosphärenmächtigkeit von 80 km ist eine schlechte Übereinstimmung festzustellen.

Die sich aus dem Modell von TURCOTTE & EMERMAN ergebenden Ausdünnungsfaktoren β_L der Lithosphäre liegen zwischen 0,7 und 0,9. Die zugehörigen Ausdünnungsfaktoren β_C der Kruste bewegen sich zahlenmäßig deutlich über den Ausdünnungsfaktoren β_C, wie sie für das Gebiet um Rheinsberg vorgeschlagen wurden. Daraus folgt, daß die Krustenmächtigkeit im NW-Teil der Norddeutsch-Polnischen Senke weniger reduziert wurde als im Gebiet um Rheinsberg; dies steht in Übereinklang mit den Absenkungsbeträgen, die im NW-Teil der Senke wesentlich geringer sind als im Gebiet um Rheinsberg.

Zeitabschnitt 265 bis 210 Mill. Jahre

Gebiet um Rheinsberg:

Die MCKENZIE-Modelle und die Modelle von TURCOTTE & EMERMAN sowie von GARNER & TURCOTTE liefern für die drei betrachteten Lithosphärenmächtigkeiten Absenkungswerte, die bis zu 300% von den tatsächlichen abweichen.

Das Modell von SLEEP & SNELL wurde für das Gebiet um Rheinsberg nicht zur Anwendung gebracht, da ein Profilquerschnitt in Form einer Gaußkurve vorausgesetzt wird. Dies ist für das Gebiet um Rheinsberg nicht gegeben.

Profilschnitt durch den NW-Teil der NPS:

Die MCKENZIE-Modelle wurden auf den NW-Teil der Norddeutsch-Polnischen Senke angewendet. Die berechneten Absenkungsbeträge stimmen nicht mit den tatsächlichen überein. Die Abweichungen sind erheblich (bis zu einigen hundert Prozent). Die gleiche Aussage kann hinsichtlich der Modelle von TURCOTTE & EMERMAN und GARNER & TURCOTTE getroffen werden.

Dagegen liefert die Auswertung des Modells von SLEEP & SNELL ein völlig anderes Bild. Bei einer Profillänge von 350 km werden für die Parameter Zähigkeit $\eta = 10^{23}$ P; Lithosphärenmächtigkeit 80 km und Gaußweite 100 km (die Gaußweite ist der Abstand vom Beckenzentrum bis zum

Wendepunkt der Beckenquerschnittskurve, die die Gestalt einer Gaußkurve haben soll), wobei die Abweichung von den tatsächlichen Absenkungen 1% bis 36% betragen, bzw. für die Zähigkeit $\eta = 10^{24}$ P; Lithosphärenmächtigkeit 80 km und Gaußweite 100 km (die Abweichungen liegen hier zwischen 6% und 20%) die besten Übereinstimmungen mit den tatsächlichen Absenkungen erzielt.
Jede andere als die genannten Parameterkombinationen ergibt eine äußerst schlechte Übereinstimmung zwischen theoretischen und aus der Praxis gewonnenen Absenkungsbeträgen.

Zeitabschnitt 210 bis 100 Mill. Jahre:

Sowohl für das Gebiet um Rheinsberg als auch für den NW-Teil der Senke liefern alle vorgenannten Modelle Absenkungswerte, die mit den tatsächlichen in keiner Weise übereinstimmen. Für den o. g. Zeitabschnitt sind diese Modelle ungeeignet.
Da nach SCHWAB in diesem Zeitabschnitt Absenkungsprozesse infolge äußerer Einflüsse aus dem Bereich des Atlantiks und/oder der Tethys stattfanden, sollten die Initialabsenkungen bzw. die syn-extensionalen Absenkungen mittels modifizierter Modelle nach MCKENZIE und/oder TURCOTTE unter Beachtung von beliebig großen Dehnungsspannungen und der Tatsache, daß die gedehnten und absinkenden Gebiete episodisch mit Wasser gefüllt sind, berechnet werden. Thermisch bedingte Absenkungen dürften kaum wesentlichen Einfluß gehabt haben.

Zeitabschnitt 100 bis 0 Mill. Jahre:

Auch für diesen Zeitabschnitt liefern die vorgenannten Modelle für die genannten Gebiete Absenkungswerte, die in keiner Weise mit den tatsächlichen übereinstimmen. Die Modelle sind für diesen Zeitabschnitt ungeeignet. Da nach SCHWAB die Ursachen für die Bewegungen in diesem Zeitabschnitt bis jetzt unbekannt sind, sollten zahlreiche Absenkungsmodelle getestet werden. Danach muß geprüft werden, ob das mit der Wirklichkeit am besten übereinstimmende Modell gestattet, Rückschlüsse auf die tatsächlich abgelaufenen Prozesse zu ziehen.

Zusammenfassung

Die Dehnungsmodelle von MCKENZIE, TURCOTTE u. a. und das thermische Kontraktionsmodell von SLEEP & SNELL wurden auf den durch die DDR verlaufenden Teil der Norddeutsch-Polnischen Senke und auf ihre Brauchbarkeit und Zuverlässigkeit überprüft. Dabei wurde das Alter der Senke mit 300 Mill. Jahren angenommen und diese Zeitspanne in vier Abschnitte unterteilt: 1. 300—265, 2. 265—210, 3. 210—100, 4. 100—0 Mill. Jahre.
Es zeigte sich, daß der erste Zeitabschnitt am besten durch die Dehnungs- bzw. Ausdünnungsmodelle von MC KENZIE bzw. TURCOTTE u. a. wiedergegeben wird; der zweite wird ausschließlich durch das thermische Kontraktionsmodell von SLEEP & SNELL gut beschrieben. Für den dritten und vierten Abschnitt versagen alle o. a. Modelle.

Резюме

В предлагаемой работе применительно к части Северо-Германско-Польской впадины, охватывающей территорию ГДР, были использованы и проверены как в отношении их принципиальной пригодности, так и их надежности модели растяжения Мак-Кензи и Таркотте, а также термическая контракционная модель Слипа и Снелла. При этом возраст впадины был принят равным 300 млн. лет, и этот период времени был разделен на 4 этапа: 1-й — 300—265 млн. лет, 2-й — 265—210 млн. лет, 3-й — 210—100 млн. лет и 4-й — 100—0 млн. лет. Выявилось, что первый этап времени наиболее удачно вписывается в модель растяжения и утонения Мак-Кензи и Таркотте, а второй этап можно описать, используя исключительно термическую модель сжатия Слипа и Снелла. Для третьего и четвертого этапов все эти модели оказались неприемлемы.

Summary

The stretching models by MCKENZIE, TURCOTTE a. o. and the thermal contraction model by SLEEP and SNELL were applied to the North German-Polonian depression in the GDR and they were tested with regard to usefulness and reliability. Age of the North German-Polonian depression is assumed to be 300 million years and this period is divided into 4 intervals (SCHWAB 1986): 1. 300 bis 265, 2. 265—210, 3. 210—100 and 4. 100—0 million years. It was found that the stretching model and the thinning model by MCKENZIE and TURCOTTE very well describe the first interval. The second one is only described by the thermal contraction model by SLEEP and SNELL. For the third and fourth interval non of these models is suitable.

Literatur

BOTT, M. H. P.: Evolution of young continental margins and formation of shelf basins. — Tectonophysics, Amsterdam 11 (1971) S. 319—327
GARNER, L.; TURCOTTE, D. L.: The thermal and mechanical evolution of the Anadarko Basin. — Tectonophysics, Amsterdam 107 (1984) S. 1—24
HAXBY, W. F.; TURCOTTE, D. L.; BIRD, J. M.: The thermal and mechanical evolution of the Michigan Basin. — Tectonophysics, Amsterdam 36 (1976) S. 57—75
JARVIS, G. T.; MCKENZIE, D. P.: Sedimentary basin formation with finite extension rates. — Earth Planet. Sci. Lett., Amsterdam 48 (1980) S. 42—52
JUBITZ, K.-B.; SCHWAB, G.; TESCHKE, H.-J.: Geologische Entwicklungstrends am Südwestrand der Osteuropäischen Tafel — ein Überblick. — Z. geol. Wiss., Berlin 9 (1981) 10, S. 1113—1137
KOPF, M.: Die Teufenabhängigkeit der petrophysikalischen Parameter — Dichte, Geschwindigkeit, Schallhärte und Reflexionskoeffizient. — Leipzig: Karl-Marx-Univ. Leipzig, Diss. B 1976
LAUTERBACH, R.: Physik des Planeten Erde. — Berlin: Akademie-Verlag 1975
MCKENZIE, D. P.: Some remarks on the development of sedimentary basins. — Earth Planet. Sci. Lett., Amsterdam 40 (1978) S. 25—32
PARSON, B.; SCLATER, J. G.: On analysis of the variation of ocean floor bathymetry and heat flow with age. — J. Geophys. Res., Washington 82 (1977) 5, S. 803—840
RIEMSCHNEIDER, B.: Zur möglichen Natur physikalischer Prozesse bei der Entwicklung von Sedimentbecken. — Z. angew. Geol., Berlin 32 (1986) 4, S. 89—94
— Mathematische Modellierung des Senkungsablaufes tiefer kohlenwasserstoffführender Sedimentbecken unter spezieller Berücksichtigung der Norddeutsch-Polnischen Senke. — Greifswald: Ernst-Moritz-Arndt-Univ. Greifswald, Diss. B 1988
SLEEP, N. H.; SNELL, N. S.: Thermal contraction and flexure of Mid-Continent and Atlantic Basins. — Geophys. J. Royal Astron. Soc., London 45 (1976) S. 125—154
TURCOTTE, D. L.; EMERMAN, S. H.: Mechanism of active and passive rifting. — Tectonophysics, Amsterdam 36 (1976) 1—3, S. 25—44
WATTS, A. B.; RYAN, W. B.: Flexure of the lithosphere and continental margin basins. — Tectonophysics, Amsterdam 36 (1976) 1—3, S. 25—44

Porengrößen pazifischer Manganerzkrusten

Kurzmitteilung

PETER G. DIETRICH, Freiberg

Für technologische Fragen der Verarbeitung und Nutzung von Manganerzkrusten, für genetische Aussagen, die Beurteilung des möglichen diffusiven und konvektiven Massetransportes und der Absorptionsfähigkeit innerhalb von Eisen-Mangan-Akkumulationen wie Eisen-Mangan-Konretionen und Manganerzkrusten sind Kenntnisse über die Verteilung der Porengrößen und der inneren Oberfläche erforderlich. Bisher gibt es aber dazu nur wenige Angaben.

Eingang des Manuskripts in der Redaktion: 2. 2. 1990

Analog zu Untersuchungen an pazifischen Manganknollen (DIETRICH 1990) wurden an drei Manganerzkrusten mittels Quecksilber-Hochdruckporisometer die Porenradienverteilungen bestimmt. Der Meßbereich umfaßt Porenradien im Intervall zwischen 27000 und 3,8 nm, d. h. Porendurchmesser zwischen 54 und 0,0076 μm. Größere oder kleinere Poren werden mit dieser Methode nicht erfaßt.
An einer Kruste wurde die innere Oberfläche verschieden

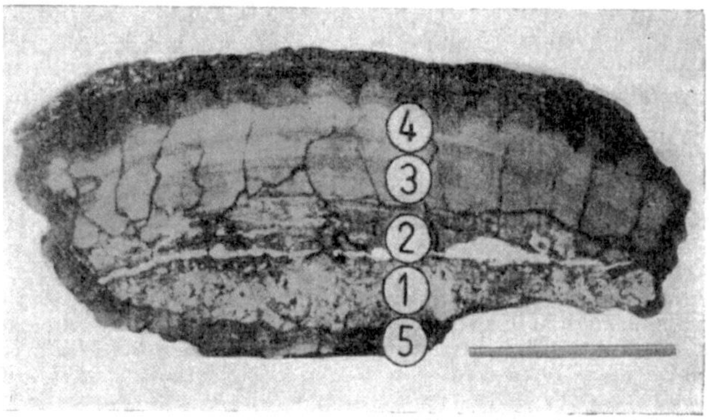

Abb. 1. Querschnitt durch eine pazifische Manganerzkruste (Probe SO 46 37DK 1; vgl. PUTEANUS 1986)

Das Substrat der Kruste (1) ist ein alterierter Hyaloklastit, der im Hangenden von Karbonat-Fluorapatit und Manganerz durchsetzt ist (2). Einer alten Krustengeneration (3), zwischen etwa 19 und 12,2 Mill. Jahren abgeschieden (PUTEANUS 1986), folgt nach einem Hiatus eine jüngere Krustengeneration (4), die in vier Phasen abgeschieden wurde. Die beiden jüngsten Phasen (5) umkrusten nach (?) teilweiser Ablösung des Substrates vom Untergrund z. T. diskordant Substrat und früher abgeschiedene Krustenteile
Länge des Maßstabes: 74 mm

alter Manganerzabscheidungen mittels Stickstoff-Tieftemperatur-Adsorption (BET-Methode; Sorptomatic-Gerät der Fa. Carlo Erba/Milano) bestimmt.

Die Herkunft der Proben und einige wesentliche Parameter der Porenradienverteilung sind aus der Tabelle ersichtlich. Die Teilproben der Tabelle entsprechen den in Abb. 1 benannten Krustenteilen. Bei der Kruste 345 KD fehlen Substrat und Phosphorithorizont. Als Beispiel sind für die in Abb. 1 gezeigte Kruste die Porenradien-Histogramme (Abb. 2) dargestellt.

Es ist ersichtlich, daß die Porositäten der Krustenmatrix, d. h. der von makroskopischen Hohlräumen bzw. Rissen freien Substanz, im vermessenen Intervall der Porenradien unterschiedliche Werte erreichen:

Die Substrate der Krusten (Teilproben 1) haben relativ hohe Porositäten, die phosphatisierten Zonen (Teilproben 2) geringe und die Erzsubstanz (Teilproben 3...5) unterschiedliche Werte zwischen 7,9 und 41,8%. Die Gesamtporositäten sind hingegen wesentlich höher und betragen z. B. für die von PUTEANUS (1986) untersuchten Krusten im Mittel 62,40% (∅ junge Krustengeneration 64,96, ∅ alte Krustengeneration 58,76%). Im Mittel haben 25% des vermessenen Porenraumes Radien von < 5,6 nm und 25% Radien > 323 nm, wobei hier Unterschiede von mehr als zwei Größenordnungen auftreten. Der Medianwert der Porenradien liegt im Durchschnitt bei 14,5 nm.

Sortierung $\left(So = \sqrt{Q_{75}/Q_{25}}\right)$ und Schiefe $\left(SK = \frac{Q_{25} \cdot Q_{75}}{Md^2}\right)$ der Porenradienverteilung schwanken in weiten Grenzen (Tabelle) und zeigen mit Ausnahme der jeweils ältesten Krustengeneration überwiegend starke Abweichungen von einer Gaußschen Normalverteilung an.

Die für die Kruste 37DK1 ermittelten inneren Oberflächen steigen mit abnehmendem Krustenalter von 38 $m^2 \cdot g^{-1}$ im Substrat auf 188 $m^2 \cdot g^{-1}$ in der jüngsten Kruste an und bestimmen offenbar wesentlich die Absorptionsfähigkeit (z. B. für Kohlenwasserstoffe von 56 auf 354 ml/t (vgl. DIETRICH, PÄTZ & SCHULZE, in Vorber.). Für die Erzsubstanz wurden im Mittel 160,6 ± 24,2 $m^2 \cdot g^{-1}$ bestimmt.

Ein Vergleich der Porenradienverteilungen der Krusten mit der von Manganknollen aus der Clarion-Clipperton-Provinz des Pazifiks (DIETRICH 1990) zeigt, daß die Porosität der Krusten weiter streut und durchschnittlich etwas geringer ist. Die Quartile und der Medianwert der Porenradienvertei-

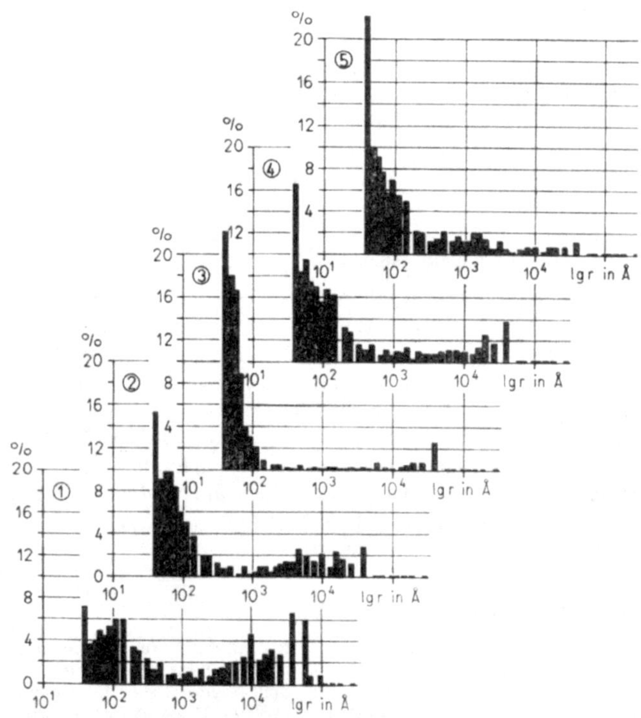

Abb. 2. Porenradienhäufigkeit für die in Abb. 1 gezeigten Teilproben der Manganerzkruste SO 46 37DK 1

Tabelle. Porosität und Parameter der Porenradienverteilung in Manganerzkrusten im Intervall 3,8...27000 nm

Probenbezeichnung	Koordinaten	Wassertiefe	Teilprobe	Porosität (%)	Q_{25} (nm)	Md (nm)	Q_{75} (nm)	So	Sk
			1	33,3	9,1	37,4	1251	11,7	8,1
SO 46 37DK1	etwa 15,5° N	1600 m	2	19,8	5,5	8,5	93,3	4,1	7,1
	etwa 169° W		3	32,5	4,4	5,1	6,5	1,2	1,1
	(Keli Ridge SSW Johnston Island)		4	41,8	5,4	9,3	37,4	2,6	2,3
			5	26,5	4,9	7,5	22,3	2,1	1,9
SO 33 48DK1	etwa 9°N	etwa 4000 m	1	28,6	6,2	60,7	1084	13,2	1,8
	etwa 164°40′W		2	10,1	5,6	14,8	785	11,8	20,1
	(NW S. P. Lee Seamount,		3	22,2	6,2	7,1	10,5	1,3	1,3
	Line Islands)		4	25,1	5,2	8,8	799	12,4	53,7
			5	25,9	4,7	6,2	17,0	1,9	2,1
SO 25-3 345DK	etwa 7°59′N	etwa 5000 m	3	29,3	4,9	6,8	16,7	1,8	1,8
	etwa 143°31′W		4	31,9	5,0	10,0	62,9	3,5	3,1
	(Clarion-Clipperton Provinz)		5	7,9	5,3	6,0	13,7	1,6	2,0

lung liegen für die Krusten bei ähnlicher Streuung der Werte ebenfalls etwas zum feineren Bereich hin verschoben, was vermutlich den durchschnittlich größeren hydrogenetisch entstandenen Anteil der Krusten widerspiegelt.

Für die freundliche Überlassung des Probenmaterials dankt der Autor Dr. Puteanus (GPI der CAU/Kiel), Prof. Halbach (TU Clausthal) und Dr. v. Stackelberg (BGR Hannover) recht herzlich.

Literatur

DIETRICH, P. G.: Zur Verteilung von Porengrößen in pazifischen Manganknollen. – Z. angew. Geol., Berlin **36** (1990) 7

DIETRICH, P. G.; PÄTZ, H.; SCHULZE, H.: Aus Manganknollen und -krusten degasierte Kohlenwasserstoffe. – Z. angew. Geol. (in Vorber.)

PUTEANUS, D.: Geologie und Geochemie von Manganerzkrusten auf submarinen Gebirgen des Zentralpazifik. – Beitr. Meerestech., Clausthal-Zellerfeld **9** (1986) 1 + 2, VIII + 242 S.

STACKELBERG, U. V.; MARCHIG, V.: Manganese Nodules from the Equatorial North Pacific Ocean. – Geol. Jb., Hannover **D 87** (1987) S. 123–227

Tagungsberichte

Workshop „Bohrlochmessungen in übertiefen Bohrlöchern"

Neubrück, DDR, 13.–14. 3. 1990, Protokoll mit Anlagen (engl.)

von KLAUS BUCKUP, Gommern

Der 2. Workshop zum Problem „Bohrlochmessungen in übertiefen Bohrungen" vereinte 40 Teilnehmer aus 12 Ländern. In intensiver Diskussion wurden folgende thematische Schwerpunkte abgearbeitet:

1. Telemetrie-Systeme
2. Datenerfassungsstandards
3. Kalibrierung und Teufenkorrelation
4. Havarieliquidierungsarbeiten

Der Workshop gestaltete sich zu einem echten Erfahrungsaustausch zwischen Ost und West, wozu die Teilnahme von Vertretern der Projektleitung „Kontinentale Tiefbohrung" (BRD) und der Sowjetunion maßgeblich beitrug.
Als wesentliches Moment wurde herausgearbeitet, daß für das wissenschaftliche und „kommerzielle" Bohren unterschiedliche Maßstäbe gelten.
Telemetriesysteme sind prinzipiell verfügbar, Spezialentwicklungen für hohe Temperaturen werden aus Kostengründen für risikovoll gehalten.
Für die Gewährleistung eines dringend erforderlichen internationalen Datenaustausches wird eine Formatisierungsvereinheitlichung auf Basis des zukünftigen API-Standards DLIS angestrebt.
Kalibrierungen werden als wesentliches Moment für eine Genauigkeitserhöhung gesehen; es sollte ebenfalls von den API-Empfehlungen ausgegangen werden, die allerdings für neuentwickelte Verfahren erweitert werden müßten.
Geräte und Vorrichtungen zur Havariebeseitigung sind für die unterschiedlichsten Fälle vorhanden; bei derartigen Operationen ist es wichtig, eine Situationsabschätzung vornehmen zu können und bei der Projektierung der Arbeiten von der Gesamtsituation der Bohrung auszugehen.
Die Teilnehmer konstatierten, daß die Zielstellung des Workshops erreicht wurde. Der dritte Workshop zur gleichen Problematik ist für 1991 in Frankreich geplant. Workshops zu dem diffizilen Problem der Bohrlochmessung in übertiefen Bohrungen werden als wichtiges Forum des internationalen Meinungsaustausches bewertet.

...

Today's technology for the mining and metallurgical industries

MMJ/IMM joint symposium held in Kyoto, Japan, from 2 to 4 October, 1989

Tokyo: The Mining and Materials Processing Institute of Japan; London: The Institution of Mining and Metallurgy 1989. 623 S., £ 60.– ($ 135.–)

Das Buch enthält 67 Vorträge, die auf einem gemeinsamen Symposium o. g. Institutionen in Kyoto, Japan, gehalten wurden.
Berichtet wird in unterschiedlichem Umfang zu folgenden Sachgebieten: Hydrometallurgie (12 Vorträge), Mineral-Ökonomie (3), Neue Technologie in der Forschung (2), Gesteins-Ingenieurwesen, einschließlich Untertage-Technologie (14), Aufbereitung (15), Automatisierung und Überwachung im Bergbau, einschließlich Grubenrettung (7), Gegenwärtige Entwicklung von neuen Materialverarbeitungstechnologien in Japan (6), Pyrometallurgie (8).
Die knappe Hälfte der Artikel ist aus der Feder von Japanern. Aus der VR China und Taiwan kommen je fünf, aus Großbritannien und Kanada je drei Vorträge. Ein bzw. zwei Beiträge stammen von Autoren aus Australien, Bulgarien, Chile, Finnland, Indien, Indonesien, Italien, Nigeria, Österreich, den Philippinen, Südafrika, der Tschechoslowakei und den USA.
Der Band reflektiert insgesamt erhebliche Kenntnisfortschritte und das kontinuierlich hohe Interesse an der Entwicklung neuer Felder in Forschung und Produktion im Bergbau und der Metallurgie.
Treffsichere Hervorhebungen sind bei diesem breiten Spektrum objektiv nicht möglich, aber der Rezensent ist sicher in seiner Empfehlung, daß Rohstoffwirtschaftler, Bergleute, Aufbereiter und Metallurgen sich mit diesem Buch beschäftigen sollten, da sie davon Gewinn haben werden.

W. JUNG

AUDLEY-CHARLES, M. G.; HALLAM, A. (Eds.)

Gondwana and Tethys

Oxford: Oxford University Press 1988. 317 S., zahlr. Abb. u. Tab. £ 60.–

(Geological Society, London. Special Publication No. 37)

Zahlreiche der heute allgemein anerkannten globaltektonischen Modelle basieren auf tektonischen, stratigraphischen, paläomagnetischen und paläobiogeographischen Untersuchungen im Gebiet der Tethys. Viele Impulse zum besseren Verständnis von Prozessen der Kontinentdestruktion, des Rifting und Spreading, der Ozeanbildung und Kontinentalrandentwicklung, der Subduktion, Kollision und Gebirgsbildung gingen gerade von diesem Raum aus. Es ist daher nicht verwunderlich, daß die Geologie der Tethys und deren Beziehungen zu den sie im Norden und Süden einrahmenden Superkontinenten Laurasia und Gondwana immer wieder auch bei denjenigen Geowissenschaftlern Interesse weckt, die in geographisch anderen Breiten und/oder in zeitlich älteren stratigraphischen Niveaus tätig sind. Insofern wird das vorliegende Buch, das die Vorträge eines gemeinsam von der *Geological Society of London* und der *Palaeontological Association* im Mai 1986 durchgeführten Symposiums enthält, gewiß selbst im außertethyalen, paläozoisch versteiften Mitteleuropa seinen Leserkreis finden.
Der Symposiumband läßt sich hinsichtlich seines thematischen Inhaltes in zwei Teile gliedern. Der erste Teil befaßt sich mit den entwicklungsgeschichtlichen Verhältnissen von Tethys-Ozean und Gondwana-Kontinent, und zwar insbesondere mit den tektonischen Merkmalskomplexen sowie den stratigraphischen und paläomagnetischen Belegen. Der zweite Teil ist speziell paläontologischen Themen und deren Beziehungen zur Tethys-Gondwana-Problematik gewidmet. Mit den zahlreichen hier vorgestellten unterschiedlichen Untersuchungsergebnissen wird natürlich noch kein abgerundetes Gesamtbild gezeichnet. Vielmehr ist eine generelle Bestandsaufnahme vollzogen worden, die das Erreichte deutlich macht, zugleich aber auch die weiteren Forschungsschwerpunkte aufzeigt.

D. FRANKE

NILSEN, B.; OLSEN, J. (Eds.)

Storage of Gases in Rock Caverns

(Proceedings of the "Internat. Conference on Storage of Gases in Rock Caverns", Trondheim, 26–28 June 1989)

Rotterdam: A. A. Balkema 1989. IX + 398 S., 377 Abb., 38 Tab., 253 Lit., DM 120.–

Zur Gewährleistung einer kontinuierlichen Versorgung mit Erdgas werden in zunehmendem Maße Zwischenspeicher benötigt. Ein solcher Bedarf besteht ebenfalls für Gase wie Luft, Wasserstoff und Ammoniak. Immer häufiger werden dazu alte Bergwerke genutzt bzw. Kavernen bergmännisch errichtet oder im Salz gesolt. Diese Art der Speicherung hat gegenüber der Errichtung obertägiger Behälter Vorteile, verursacht jedoch gleichfalls eine Reihe von Problemen. Zur Bewältigung dieser Probleme liefern die in diesem Buch zusammengefaßten Vorträge einen wesentlichen Beitrag. So werden die theoretischen Grundlagen und im großen Umfang praktische Erfahrungen zu geomechanischen und hydrodynamischen Aspekten dargelegt, laborative und praktische Meßwerte angegeben, aber auch Sicherheits- und Dichtheitsprobleme diskutiert. Darüber hinaus berichten einige Vorträge über den Betrieb bestehender Kavernen und über geplante Projekte. Dabei wird der modernste Stand des Fachgebietes präsentiert. Aus diesem Grunde ist die Nutzung der vorliegenden Ausgabe für jeden Fachmann auf dem Gebiet der Kavernenspeicherung bei der Suche nach effektiven Lösungen sowohl in der Forschung als auch beim praktischen Kavernenbetrieb geradezu erforderlich und sehr zu empfehlen.

H. D. VOIGT

Buchbesprechungen

VOIGT, H.-J.

Hydrogeochemie

Leipzig: VEB Deutscher Verlag für Grundstoffindustrie 1989. 310 S., M 60.—

Die Hydrogeochemie konnte sich in den letzten beiden Dezennien zunehmend als eigenständige Wissenschaftsdisziplin im Grenzbereich zwischen Hydrogeologie und Geochemie etablieren. Ihr theoretisch-methodischer Apparat hat sich rasant perfektioniert. International breit repräsentiert, führte die Hydrogeochemie auf dem Büchermarkt der DDR bislang ein Schattendasein. Das Erscheinen vorliegender Monographie füllt somit eine Lücke im Fachbuchangebot der DDR.
Der Autor versteht das Anliegen seiner Monographie als eine Einführung in die Chemie des Grundwassers. Sie möchte für einen breiten Leserkreis, vor allem auch für den ökologisch interessierten Laien, offen sein. Der umfangreiche theoretische Apparat der Hydrogeochemie wird nur soweit behandelt, wie er für das allgemeine Verständnis der Darlegungen erforderlich erscheint.
Die Monographie gliedert sich in folgende Kapitel:

1. Einleitung
2. Chemische und physiko-chemische Grundlagen
3. Geochemische Prozesse in der unterirdischen Hydrosphäre
4. Beschaffenheit des Grundwassers
5. Anthropogene Veränderungen der Grundwasserbeschaffenheit

Der Autor beschränkt sich auf die Hydrogeochemie des Infiltrationszyklus unter humiden Klimaverhältnissen und widmet sich gleichermaßen der Formierung der Beschaffenheit der Niederschläge wie der des Boden- und Grundwassers.
Als aktuelle Beispiele anthropogener Beeinflussung der Grundwasserbeschaffenheit werden saure atmosphärische Depositionen, Eingriffe in den Grundwasserhaushalt, die Wirkung industrieller, landwirtschaftlicher und kommunaler Abprodukte, die agrochemischer Tätigkeit in Land- und Forstwirtschaft sowie Havarien mit Wasserschadstoffen diskutiert.
Sehr wertvoll ist die Untersetzung der Darlegungen mit zahlreichen Beispielen aus der internationalen Literatur.
Neben einer erstmalig breiteren, damit noch nicht unbedingt repräsentativen Darstellung nationaler Arbeiten hat der Autor eine integrale Auswertung sowohl östlicher (vorrangig sowjetischer) als auch westlicher Quellen versucht. So wünschenswert derartige Bestrebungen zur „Internationalisierung" dieser Wissenschaftsdisziplin sind, führen sie jedoch an einigen Stellen zur kommentarlosen Aneinanderreihung unterschiedlicher theoretischer Konzepte.
Als nicht ganz problemlos, besonders für aktuelle Forschungsarbeiten, hat sich die große Zeitspanne zwischen Redaktionsschluß und Herausgabe des Buches erwiesen. Der Monographie ist jetzt schon eine baldige Neuauflage zu wünschen, die den in den letzten Jahren neu gewonnenen Erkenntnissen Rechnung trägt.

L. LUCKNER

PARKER, R. H. (Ed.)

Hot Dry Rock Geothermal Energy

Phase 2B Final Report of the Camborne School of Mines Project, Volume 1 and 2

Oxford—New York—Beijing—Frankfurt—Sao Paulo—Sydney—Tokyo—Toronto: Pergamon Press 1989. 1392 S., zahlr. Abb., Lit., £ 180.—

Mit dem in zwei Bänden vorgelegten Arbeitsbericht zum Hot Dry Rock-Projekt der Camborne School of Mines in Großbritannien wird ein detaillierter und weitgefächerter Überblick über das älteste europäische HDR-Projekt und den gegenwärtig erreichten Stand gegeben. 1977 begannen mit der Phase 1 die vorbereitenden experimentellen Arbeiten in geringen Tiefen bis 300 m. Auf Grund positiver Ergebnisse wurde das Projekt ab 1980 in der Phase 2A mit der Aufgabe einer Reservoir-Entwicklung in mittleren Tiefen bis 2000 m fortgeführt. Mit Explosions- und Hydrofrac konnten funktionstüchtige Geothermalreservoire erzeugt werden, die den Anschluß einer nächsten Arbeitsphase bis zu 3000 m Tiefe begründen sowie der Entwicklung und Überprüfung von Technologie und Technik dienten. Die Ergebnisse dieser Etappe 2B sind in den vorliegenden beiden Bänden ausführlich in zahlreichen Einzelbeiträgen erläutert. Probleme und deren Lösungsvarianten werden deutlich gemacht.
Als geologischer Hintergrund zum Verständnis der Reservoir-Entwicklung und des Langzeitzirkulationsverhaltens werden die SW-englischen Granite, in denen die Reservoire angelegt werden, speziell nach Petrologie, Mineralogie, Gefüge und Klüftung beschrieben. Während der Versuchsdauer wurde die Reservoircharakteristik mit verschiedenen geophysikalischen Methoden überwacht und der Chemismus der Wasser-/Gesteinsbeziehung umfassend und kontinuierlich, teilweise unter Einsatz neuentwickelter Geräte untersucht. Die hohe technische Leistung beim Teufen der Bohrungen, ihre Richtungsgenauigkeit und Minimierung des zeitlichen Aufwandes werden besonders hervorgehoben.
Die bisherigen positiven Ergebnisse im Laufe einer konsequent zielgerichteten internationalen Gemeinschaftsarbeit sind ein europäischer Beitrag zur Entwicklung der Hot Dry Rock-Technologie, der einzigen Nutzungsvariante des geothermischen Potentials, der aus gegenwärtiger Sicht eine Zukunft als echte Alternativenergie vorausgesagt wird. Das Camborne School of Mines Project wird zu 85% aus dem britischen Staatshaushalt und zu 15% von der EG finanziert. Bis 1990 sind weitere Mittel bewilligt, und man geht von einer wirtschaftlichen Nutzung nach dem Jahr 2000 aus.
Für Spezialisten dieser Arbeitsrichtung sind die sehr interessanten Beiträge hinsichtlich der Methodik wie auch der konkreten Ergebnisse unverzichtbares hochaktuelles Arbeitsmaterial. Indem die Ergebnisse dieses technisch, finanziell und zeitlich sehr aufwendigen Vorhabens in dieser Ausführlichkeit publiziert werden, wird technisches und wissenschaftliches Neuland, das international erarbeitet wurde, auch in internationaler Breite nutzbar.

J. WORMBS

CARLÉ, W. E. C.

Werner • Beyrich • von Koenen • Stille

Ein geistiger Stammbaum wegweisender Geologen

Geologisches Jahrbuch, Reihe A, Hannover (1988) Heft 108, 316 Lit., 62 Abb., Tab., DM 145.—

Aus dem berufenen Munde eines Stille-Schülers erfährt der Leser Wissenswertes und Interessantes über eine zweihundert Jahre dauernde Lehrer-Schüler-Kette deutscher Geologen, über deren Leben und Werk, die Aufnahme ihrer Theorien durch die Zeitgenossen und Nachfahren, über die Tätigkeit von geologischen Hochschul- und Forschungsinstituten und in geologischen Landesanstalten. Kenntnisreich, in einer lockeren und flüssigen Sprache, berichtet CARLÉ vom Studenten- und Gelehrtenleben in verschiedenen Teilen Deutschlands, und mit Schmunzeln und manchem Aha!-Effekt erlebt der Fachkollege quasi persönliche Vorlesungen, Exkursionen, Praktika im In- und Ausland, Geologenkongresse, den Einsatz von Absolventen in Wissenschaft und Industrie.
Der große Vorzug des Buches ist die Faktenfülle und die Darstellung persönlicher Verhältnisse, wobei der Schwerpunkt bei Vita und Werk von Hans Stille (1876—1966), seinen Zeitgenossen und Schülern liegt. Der Leser erfährt interessante Einzelheiten über das Verhalten vieler deutscher Geowissenschaftler in den Jahren der Weimarer Republik, der Nazizeit und in den Jahren seit 1945.
Hervorzuheben ist die vorzügliche Aufmachung des Buches, die Gliederung und der wissenschaftliche Apparat (10 S. Personenregister, 17 S. geologiehistorisches Schriftenverzeichnis, 5 S. Schriftenverzeichnis historischer Persönlichkeiten), was den Umgang mit diesem „Lehr-Buch" wesentlich erleichtert.
Dem Vf. gebührt Dank und Anerkennung für dieses Geschichtsbuch, dem eine weite Verbreitung zu wünschen ist, denn *„Wer nicht weiß, woher er kommt, kann auch nicht wissen, wohin er geht!"* (S. 7).

P. KRÜGER

Liebe Leser unserer Zeitschrift!

Aus der Information des Verlages in unserem Heft 6/90 — zu unserem Bedauern sehr spät und ohne unsere Kenntnis — erfuhren Sie von der Erhöhung des Heftpreises auf 6.50 DM. Leider müssen wir Ihnen mitteilen, daß dies nur ein Übergangspreis sein wird. Da eine Subventionierung Ihrer Zeitschrift für angewandte Geologie nicht erfolgt, müssen wir bestrebt sein, die Herstellung zumindest kostendeckend vorzunehmen. Trotz aller Bemühungen um eine möglichst rationelle Herstellung muß ab Januar 1991 mit einem Heftpreis von ca. 12.— DM gerechnet werden.
Wir freuen uns, daß Sie zu der überwiegenden Anzahl jener Abonnenten gehören, die uns in den zurückliegenden Jahren — trotz manch widriger Umstände — treu geblieben sind. Heute hoffen wir, daß Sie das auch weiterhin tun.
Es wäre vermessen, Ihnen zu versprechen, daß Sie in **jedem** *Heft gerade die für Sie interessanteste Thematik finden. Künftig wird z. B. die Umweltgeologie einen wichtigeren Platz einnehmen. Mitteilungen über Aktivitäten im geowissenschaftlichen Leben, Informationen über Persönlichkeiten unseres Fachgebietes sowie auch Ihre Werbung um Geschäftsbeziehungen zu Interessenten, die Ihre Leistung auf diesem Wege kennen und schätzen lernen, werden bei uns gedruckt.*
Für alle Vorschläge, die Sie uns auch fernerhin für eine interessante, vielseitige und Ihren Wünschen entsprechende Zeitschrift machen, sind wir Ihnen dankbar und versprechen, unsere neuen Möglichkeiten für die Umsetzung und Verbreitung Ihrer Wünsche einzusetzen.

Glück auf!
Ihre Redaktion